U0215305

设 计 速 递
DESIGN CLASSICS

乐居空间——住宅专辑

RESIDENTIAL SPACE

● 本书编委会 编

中国林业出版社

图书在版编目（CIP）数据

乐居空间：住宅专辑 /《乐居空间》编写委员会编写. -- 北京：中国林业出版社, 2015.6
（设计速递系列）

ISBN 978-7-5038-8013-1

Ⅰ. ①乐… Ⅱ. ①乐… Ⅲ. ①住宅－室内装饰设计－图集 Ⅳ. ①TU241-64

中国版本图书馆CIP数据核字(2015)第120879号

本书编委会

◎ 编委会成员名单

选题策划：金堂奖出版中心

编写成员：	董 君	张 岩	高囡囡	王 超	刘 杰	孙 宇	李一茹
	姜 琳	赵天一	李成伟	王琳琳	王为伟	李金斤	王明明
	石 芳	王 博	徐 健	齐 碧	阮秋艳	王 野	刘 洋
	朱 武	谭慧敏	邓慧英	陈 婧	张文媛	陆 露	何海珍

整体设计：张寒隽

中国林业出版社 · 建筑分社

策　　划：纪　亮
责任编辑：李丝丝　王思源

出版：中国林业出版社
（100009 北京西城区德内大街刘海胡同 7 号）
http://lycb.forestry.gov.cn/
E-mail: cfphz@public.bta.net.cn
电话：(010) 8314 3518
发行：中国林业出版社
印刷：北京利丰雅高长城印刷有限公司
版次：2015年8月第1版
印次：2015年8月第1次
开本：230mm×300mm, 1/16
印张：18
字数：100千字
定价：298.00元

鸣谢

因稿件繁多内容多样，书中部分作品无法及时联系到作者，请作者通过出版社与主编联系获取样书，并在此表示感谢。

CONTENTS
目录

Restaurant

CONTENTS
目录

Restaurant

Residential
住宅空间

当代艺术宅
Contemporary Art Residential

赋·采
POETRY. COLORS

轴心
Axis

吴月雅境
Bamboo House

Deep In Nature

温莎堡·器宇
magnanimity

双生蜕变
METAMORPHOSIS

LOFT 27

掬一把天光
Light House

一扇窗·漫一室
Tung's House, Taipei

当代艺术宅
CONTEMPORARY ART RESIDENTIAL

项目名称 _当代艺术宅 / **主案设计** _郭侠邑 / **参与设计** _陈燕萍、杨桂菁 / **项目地点** _台湾省桃园市 / **项目面积** _178 平方米 / **投资金额** _60 万元 / **主要材料** _KD 地板

A 项目定位 Design Proposition
一个白色就能将世界上所有华丽的色彩都包含其中，延续近三分之一广度，自主地享受放大的空间漫步。白净通透宛如美术馆，使得空间的本质、生活的本身及大大小小的艺术品都尽兴地展演自己。艺术才是生活中的主角，艺术即生活；生活即艺术。
通透白洁平整格局，再映照着充裕天光，彷佛重现人与环境关系的美术馆，从容自在。
通透的格局，可以是艺廊也可以开派对，家具的陈设多以活动式为主，可以随不同需求进行调整，达到空间使用的最大效益。

B 环境风格 Creativity & Aesthetics
白净通透宛如美术馆，使得空间的本质、生活的本身及大大小小的艺术品都尽兴地展演自己。艺术才是生活中的主角，艺术即生活；生活即艺术。通透白洁平整格局，再映照着充裕天光，彷佛重现人与环境关系的美术馆，从容自在。

C 空间布局 Space Planning
为了营造空间情境，灯光设计上有间接光源及 LED 灯投射光，可随不同需求调整明暗，让空间使用共多元化。通透的格局，可以是艺廊也可以开派对，家具的陈设多以活动式为主，可以随不同需求进行调整。达到空间使用的最大效益。波浪形的景观露台，特别订制系统式的自家菜园，有机种植的阳台，俨然成为都市中的小绿洲。

D 设计选材 Materials & Cost Effectiveness
全部以白色的材料统合在一个空间，染白梧桐木的壁地板，不做天花板，节省建材的使用，加上玻璃反射扩展空间。

E 使用效果 Fidelity to Client
纯白干净的空间宛如美术馆、艺廊般的住宅，大家为之惊艳~

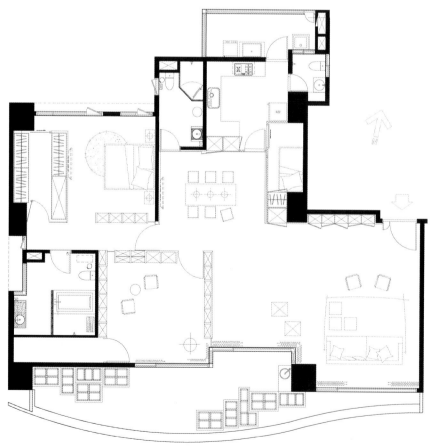

一层平面图

赋．采
POETRY. COLORS

项目名称 _赋．采 / 主案设计 _杨焕生 / 参与设计 _郭士豪 / 项目地点 _台湾省台中市 / 项目面积 _331 平方米 / 投资金额 _300 万元 / 主要材料 _鸟眼枫木木皮钢烤、镀钛铁件、木皮、订制画、大理石、布料

A 项目定位 Design Proposition
此空间将艺术融合在生活之中，14 幅连续且韵律感的晕染画作，模拟大山云雾的虚无缥渺，镶嵌于垂直面域上，落实视角的想象，让连续性的延伸感蔓延全室，改变检视艺术的视角角度，实践内心期望的生活方式，一开一阖之间创造出静态韵律与动态界面屏风。

B 环境风格 Creativity & Aesthetics
这案件位于市中心高楼的顶楼，坐拥眺望交错起落城市光景，公共空间大面 L 型的落地窗环绕，提供了最佳视野，想把这无尽无边的辽阔感延伸至室内来，从玄关、客餐厅至厨房，长型的建筑空间，达到完全开放的尺度，只让连续性的画作串连空间，去除那份属于都市中，或繁忙或冷漠的，让去芜存菁的空间能回应居住者的初衷与内涵，同时也拥有属于家的放松与温度。

C 空间布局 Space Planning
以实用机能、丰富采光、通风对流、动线流畅作为主要的设计原则，藉由视角延续的开阔、公共空间彼此交叠，为空间引导渐进式的层次律动，由空间结构、节点的延伸，叠合出独特而丰饶的居住体验。

D 设计选材 Materials & Cost Effectiveness
镀钛铁件用流线的弧形线条展现刚的流动，而订制画，大量的布料柔软穿梭于空间，物件与材质配合的工法，是刚柔并济的展现。公共空间沉稳深色的家具搭配相较于轻盈的灰白大理石使其平衡；私人空间利用中性色调的木皮展现放松与温和的质感；而卫浴亮色大理石、用轻透的金属使人焕然一新，每一空间，每一面视野都有自己的诗篇在流露，创造优雅又舒适美好生活。

E 使用效果 Fidelity to Client
《赋．采》让画作与色彩巧妙融入生活，结合创作艺术与精致工艺。给予这空间，看似"非诗非文"的定义，同时也是"有诗有文"的内涵：及、比"文"还赋有风采，比"诗"还更多韵律，重新给予它像新生命绽放般的色彩。体现人文与艺术的和谐，创造空间另一独特风貌。

轴心
AXIS

项目名称 _ 轴心 / 主案设计 _ 王俊宏 / 参与设计 _ 林俪、曹士卿、陈睿达、黄运祥、林庭逸、陈霈洁、张维君、赖信成、黎荣亮 / 项目地点 _ 台湾台北市 / 项目面积 _ 300 平方米 / 投资金额 _ 220 万元 /
主要材料 _ BOLON、PANDOMO

A 项目定位 Design Proposition
以高端订制作为设计主轴，从格局动线安排到材质表现、运用，包括实用机能的配合，均跳脱制式规格与限制，采独一无二的客制化订做。

B 环境风格 Creativity & Aesthetics
面山的好景，在顶楼专属空间一览无遗，利用自然素材与户外家具，与环境呼应，建构私人聚会的家宴场域。

C 空间布局 Space Planning
以餐厨空间作为家的重心，所有设计都从此区延伸，原本遮蔽光线的梯，改以利落的钢构，轻盈的线条，凸显现代感，不仅保留基地原有采光，也创造视觉焦点。

D 设计选材 Materials & Cost Effectiveness
从厨具面板延伸至玄关的黑色薄片拓采岩让设计风格贯彻一致，为黑白对比的色彩计画定调。餐厅桌面颠覆传统思维，大胆搭配皮革材质，显现豪宅大器风华。

E 使用效果 Fidelity to Client
把凝聚情感的餐厨空间变成生活重心，让散居四海的家人，得以共享天伦。开放的公共空间，圆融祥和的隔间区划与静谧的私领域气氛营造，让回家，成为毕生的想望。

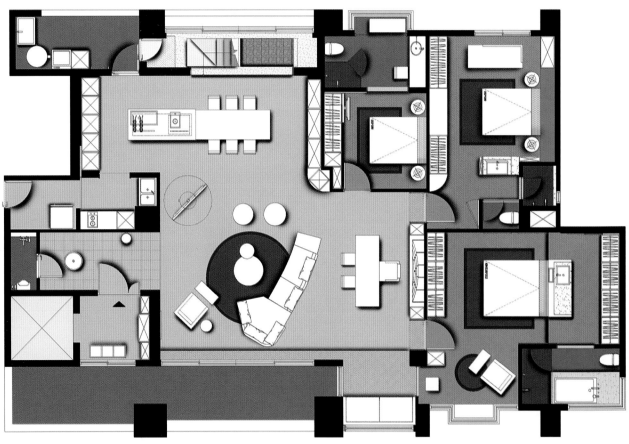

一层平面图

吴月雅境
BAMBOO HOUSE

项目名称 _ 吴月雅境 / 主案设计 _ 何宗宪 / 参与设计 _ 林锦玲、陈小艳 / 项目地点 _ 江苏 无锡市 / 项目面积 _ 757 平方米 / 投资金额 _ 555 万元 / 主要材料 _Essenza Interiors Ltd.

A 项目定位 Design Proposition
作品在于脱现现实城市生活中的繁嚣，带有一种避开世俗繁琐的感觉。 让业主能逃离城市中生活上的压力。作品把居住空间的本质还原到生活，舍弃浮华外表，使居住者感受生活。

B 环境风格 Creativity & Aesthetics
竹林常给予人一种避开世俗繁琐的感觉，同时生机处处或方正或圆带出恬静、安逸的特质，设计师利用这一种优雅境像，植入生活的空间。 避俗是当代人极力追寻的事物，当下生活常使人活感到困惑与疲惫，作为压力缓冲的居所，因此设计师以呈现竹林意境的手法，营造出恬静闲息的氛围。

C 空间布局 Space Planning
首层利用简单的动线，厨房、早餐区、室内用餐与室内用餐区，各个区域以直线连接起来，条理分明。 首层与地下层起居室分别担当着静与动态的一面。而首层是静态一面的起居室，整个氛围会比其部空间较为沉淀，没有添置多余装饰。楼底悬挂着如宛生于屋内的一组竹子，而地面的地毯有如置身在自然的沙面上，使空间更为广阔。

D 设计选材 Materials & Cost Effectiveness
作品选材创新，方案以"竹"点题，但采用物料上，却并不是采用竹，而是以一种由竹加工处理的材料。饭厅内看似竹竿拼砌而成的灯造型，与带半屏风作用的竹节，其实是由一种竹作原材料的特制品，成品令整体铺排干净利落。

E 使用效果 Fidelity to Client
业主把一些生活的习惯，随空间的影响令生活变得更为诗意，因空间采取更多安静的空间，释放出生活原来上的压力，感受到"慢活"。

Deep In Nature
DEEP IN NATURE

项目名称 _Deep In Nature / 主案设计 _ 廖奕权 / 参与设计 _Wesley Liu / 项目地点 _ 澳门 / 项目面积 _245 平方米 / 投资金额 _350 万元 / 主要材料 _Catellani & Smith, Ligne Roset

A 项目定位 Design Proposition
In the past as of the future, trees will support our earth. Coming home to it below your feet brings peace, human nature and oneness with life. The tree-inspired design motifs within this space are aplenty, and aim to make residents feel at peace with nature and be human-oriented。

B 环境风格 Creativity & Aesthetics
Its design allows residents to enjoy their personal space and feel truly free in one's own home。

C 空间布局 Space Planning
The balcony is purposely widened to become even more spacious。

D 设计选材 Materials & Cost Effectiveness
Looking around, you'd find that the apartment is founded on a number of wood-inspired motifs with other raw materials。

E 使用效果 Fidelity to Client
Abstract tree branches in the living area are accentuated by the pendant lamps from 'Catellani & Smith' which immediately gives the place an air of mystery. Earthy tones and choice of natural elements enhances the natural feeling within the space。

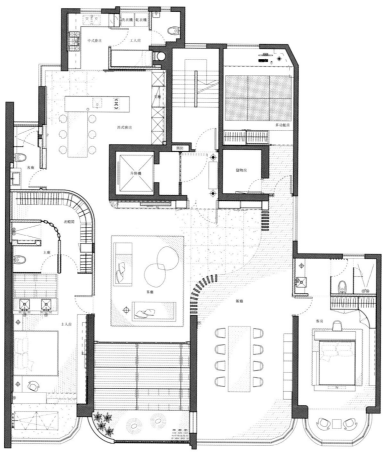

一层平面图

温莎堡·器宇
MAGNANIMITY

项目名称 _ 温莎堡·器宇 / **主案设计** _ 俞佳宏 / **项目地点** _ 台湾省高雄市 / **项目面积** _ 231 平方米 / **投资金额** _ 200 万元 / **主要材料** _ 盘多魔、板岩、石英砖、木格栅

A **项目定位** Design Proposition
现代减压的空间对忙碌的都市生活提供一个自在的避风港。

B **环境风格** Creativity & Aesthetics
以大地的色系与异材质的混搭，创作新的空间价值。

C **空间布局** Space Planning
双十轴线将整体空间串连。

D **设计选材** Materials & Cost Effectiveness
空心砖与不锈钢的搭配，看似冷冽但配以木头却使整体空间平衡了粗旷休闲现代感。

E **使用效果** Fidelity to Client
创造现代人文的新空间，发表后造成惊人的询问度。

双生蜕变
METAMORPHOSIS

项目名称 _ 双生蜕变 | **主案设计** _ 江欣宜 | **参与设计** _ 吴信池、卢佳琪 | **项目地点** _ 台湾台北市 | **项目面积** _ 198 平方米 | **投资金额** _ 145 万元 | **主要材料** _ 铁件、爱马仕壁纸、施华洛士奇水晶壁灯、灰网石、橄榄咖石、安格拉珍珠石、实木地板、柚木地板、雕刻白、意大利磁砖

A 项目定位 Design Proposition
以巴黎 30 年代的装饰风格，营造出低调却奢华的生活质感。置入 Hermes 设计师 Jean Michel Frank 强调的简约处理态度，美好的比例，丰富的装饰性，涵盖多元材质的搭配组合，颠覆传统的美学表现，却又明显看出历史经典的关连性。

B 环境风格 Creativity & Aesthetics
在中山北路上富有巴黎气息的香榭道路上，缤纷设计团队串连街景融合法国二零年代工艺文化精神打造兼具人文与感性的浪漫生活空间。

C 空间布局 Space Planning
在空间配置的中心位置，摆设开放式中岛吧台，结合长型方型餐桌具环绕动线的设计，让居住的上下两代能有紧密的互动也能惬意的生活；考虑家庭成员的自主性，所以在卧房规划上均设定全套的套房配备，让社会新鲜人的新新女性有着独立思索的发想空间。在不到 200 平方米的空间内，藉由专业的平面整合、动线规划、缤纷设计团队设计出气派优雅的客、餐厅以及设备完善的三间套房、机能实用的开放式中岛，到陈设艺术精神的置入，为屋主打造能够透过岁月洗练的生活空间。

D 设计选材 Materials & Cost Effectiveness
客厅背墙已 Hermes 经典布艺裱框为视觉焦点，沙发抱枕、卧房床头壁纸同样置入 Hermes 布艺元素，彰显业主对经典工艺崇高致意，是另一种艺术品的展现，也犹如家徽、家训时时提醒着家庭成员，展现另一重传承的手法。画作美好的比例，丰富的装饰性，空间中则涵盖多元材质的搭配组合，颠覆传统的美学表现，却又明显看出历史经典的关连性，与 Hermes 设计师 Jean Michel Frank 设计理念不谋而合。

E 使用效果 Fidelity to Client
此案成功融入经典工艺品牌 Herhems 布艺之美，广受高端客户喜爱，让时尚品牌 Hermès 爱马仕钦点缤纷运用顶级布艺品牌 DEDAR 的设计，收入布艺与壁纸全球精选范例里，这是唯一亚太区获选的住宅项目。

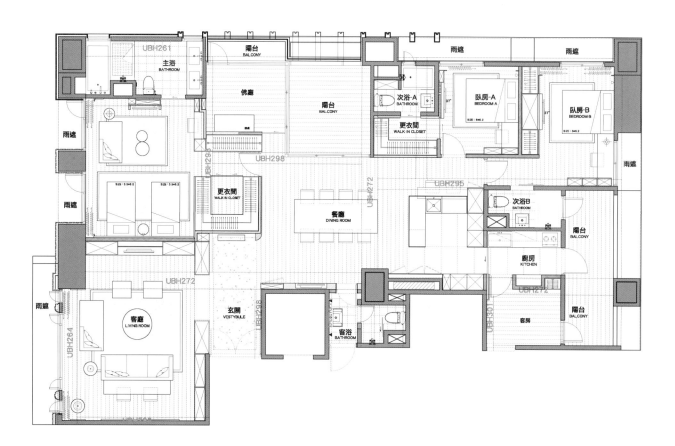

一层平面图

LOFT 27

项目名称 _LOFT 27 / **主案设计** _ 张凯 / **参与设计** _ 吕仲雯 / **项目地点** _ 台湾省台北市 / **项目面积** _89 平方米 / **投资金额** _70 万元 / **主要材料** _ICI TOTO

A 项目定位 Design Proposition
作为现在少有的纯白色系，搭配抢眼的橘色沙发，让沙发成为画龙点睛的色系主角，并且衬托出整体空间的白净优雅。白净的简洁空间，营造出一种新型态的 LOFT 风格。

B 环境风格 Creativity & Aesthetics
白色简约时尚空间的极致呈现，有如建筑语汇般的造型白色玄关隔屏，轻盈清透的书房玻璃隔墙，与白色铁件屏风相辅相成，营造出一种极度时尚前卫的 LOFT 宅空间。在电视区则是与白色调空间相对称的黑色金属与原木质感电视墙，为整体白色调空间增添一分趣味性。

C 空间布局 Space Planning
优点格局方正、原本客厅书房稍微壅挤，经过改正成玻璃式隔间后，整体空间放大并且营造相当宽敞舒适而且活用的第三间房间。

D 设计选材 Materials & Cost Effectiveness
电视墙采用隐藏式门片设定，平常是可以用大型拉门将电视收纳在柜体内部，并且让整体空间更具整体感与优雅感。

E 使用效果 Fidelity to Client
跳脱出行型态的 LOFT 简洁风格，同时完整的整合空间收纳机能。

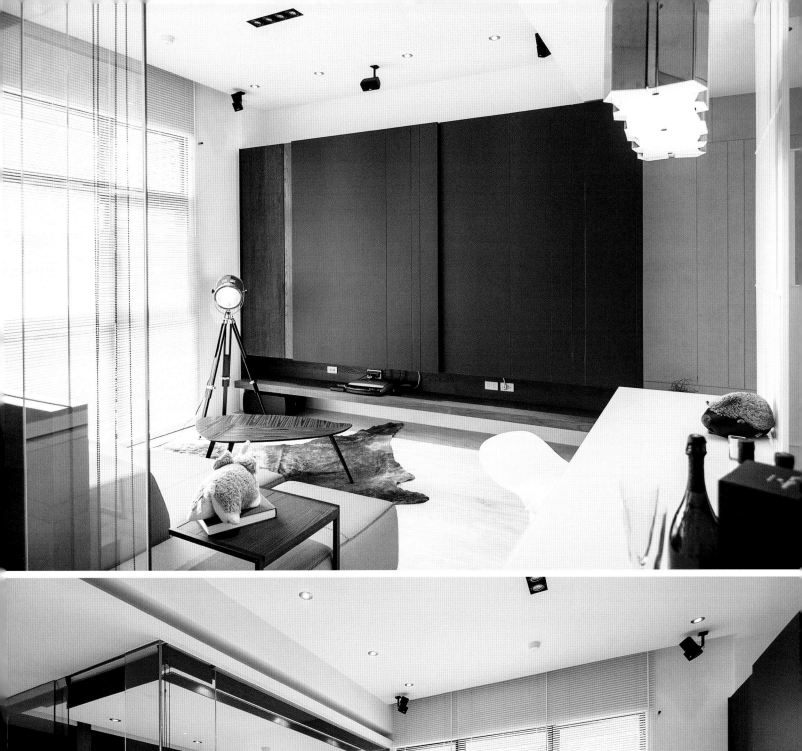

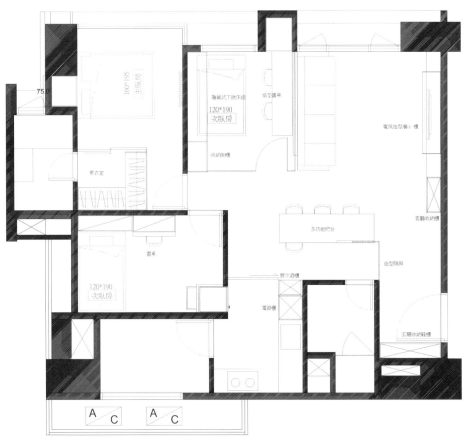

一层平面图

掬一把天光
LIGHT HOUSE

项目名称 _ 掬一把天光 / 主案设计 _ 林宇崴 / 参与设计 _ 白金里居空间设计团队 / 项目地点 _ 台湾省台北市 / 项目面积 _198 平方米 / 投资金额 _100 万元 / 主要材料 _Minotti

A 项目定位 Design Proposition
空间、绿荫和采光，对台北的居民来说，是奢侈的！透过空间配置的巧思，以及如何为业主创造全新的家庭生活，进而将绿景纳入为生活的风景，将采光收藏为家中的自然资源，让居住在尘嚣中的台北市，竟也有大自然的洗礼和享受。

B 环境风格 Creativity & Aesthetics
将不规则的五边形空间转换成每一个惊叹！除了依着空间的本质去发想设计概念，引光入室是一大重点，重新排列每一个格局，让自然的采光在空间中演绎发挥。

C 空间布局 Space Planning
将公私领域画分在两个楼层，上层为起居室和书房，下层为客厅、餐厅、厨房、主卧、儿童房以及休闲吧台。 空间配置上以光线为首要考虑之一，让每个空间都有对外窗，赋予白天和夜晚不同的自然面貌。

D 设计选材 Materials & Cost Effectiveness
穿透式的设计手法搭配铁件、石材、色彩等元素，随着时序和光影的移动，让光影重迭恣意添加丰富表情。

E 使用效果 Fidelity to Client
好客的业主在新居落成后，邀请了超过百位朋友齐聚一堂，不论空间配置、生活机能、动线与设计巧思，都受到朋友们的赞美和喜爱。 宾主尽欢！

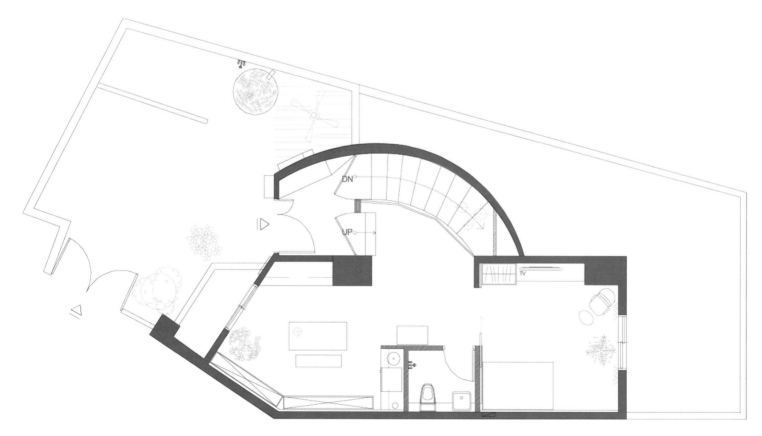

一层平面图

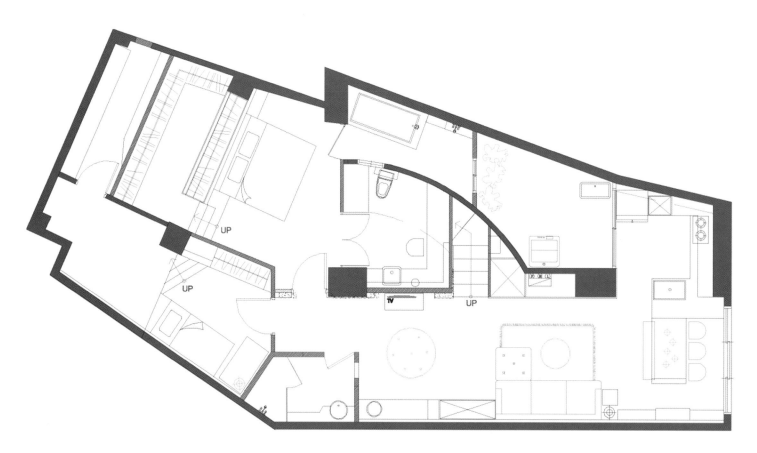

地下一层平面图

一扇窗·漫一室
TUNG'S HOUSE, TAIPEI

项目名称 _ 一扇窗·漫一室 / 主案设计 _ 邵唯晏 / 参与设计 _ 邵方璇 / 项目地点 _ 台湾台北市 / 项目面积 _150 平方米 / 投资金额 _160 万元 / 主要材料 _KD 梧桐木钢刷、富美家、美国 DuPont(杜邦)CORIAN

A 项目定位 Design Proposition
有别于市场上针对特定风格或是相较流行的古典风格，本案以中性及写意的定位来描写对于住宅的诠释，回应的是业主对于美学的素养及生活的态度，而不是追求流行风格的定位。

B 环境风格 Creativity & Aesthetics
本案大量的开窗，有效的将户外的自然光及绿意带进室内，白天都不需开灯，自然通风也很流畅，企图与环境共融共生，也为住宅注入节能的绿思维。

C 空间布局 Space Planning
弹性隔间的设计，让整体空间的格局拥有最多的可能性及弹性，也符合业主爱好自由及好客的生活习惯及需求。再者，可弹性使用的多层界面，有效将空间流动、声音穿越与视线交集做不同层次的搭配，藉此回应使用者对于空间非线性使用的需求。

D 设计选材 Materials & Cost Effectiveness
整体设计质感展现自然的低调美学，在样式及配色上都以自然宁静的色彩与材质出发。房子得天独厚的绿意、迁移的时间与光线，搭配老木特有的香气，再加上屋主本身内蕴的艺术涵养，自然将人的五感融合于空间。无需刻意装饰，亦无需华丽材料，丰富的人生足以成就一个强而有力的空间氛围。

E 使用效果 Fidelity to Client
本案完成后受到业主的喜爱，虽本案不是商业空间，无商业经营的压力，但本案完后的确大大增加了业主朋友的来客量，也符合了业主好客的生活习惯及需求。

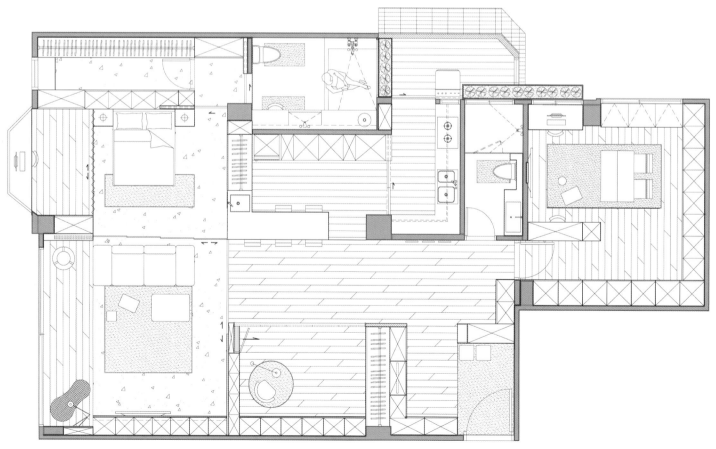

一层平面图

格林童话
GRIMMS FAIRYTALES

项目名称 _ 格林童话 / **主案设计** _ 蔡佳莹 / **参与设计** _ 李婧 / **项目地点** _ 江苏省南京市 / **项目面积** _ 130 平方米 / **投资金额** _ 20 万元 / **主要材料** _ 宣伟涂料、仿古砖、复合地板、玻璃、文化砖、墙纸

A 项目定位 Design Proposition
所以一直有一颗童心。这套作品的名字就叫做"童话"、将这套作品献给家有可爱宝贝、怀有一个童心的年轻父母。

B 环境风格 Creativity & Aesthetics
在整个房子里随处都是一个童话小故事，每个空间都有属于自己的内容和故事。

C 空间布局 Space Planning
相对于外表的装饰，内部的储藏空间也是不容忽视的，外表是床的榻榻米其实内部就是一个躺下的柜子。单独的储藏间更是满足了一家人的储物需求。

D 设计选材 Materials & Cost Effectiveness
亮点是采用大量童话风格的墙纸，家具颜色跳跃性较强既体现了地中海风格的特性也体现除了浓浓的趣味性。

E 使用效果 Fidelity to Client
业主是有着一个两岁孩子的年轻父母，因为有孩子，所以一直有一颗童心，作品出来也是得到了小孩子和父母亲的一致好评。

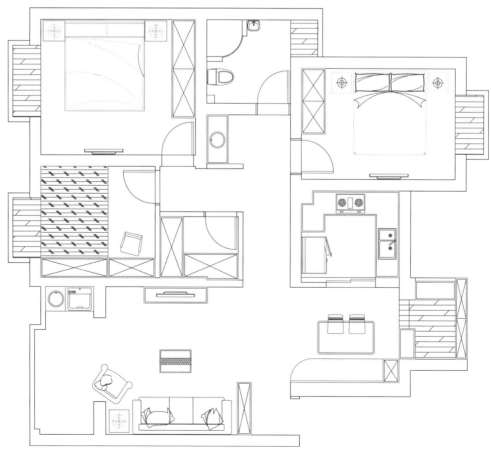

一层平面图

名人府
CELEBRITY PALACE

项目名称 _ 名人府 / **主案设计** _ 陈成 / **参与设计** _ 刘云剑、徐莉蓉、陈菲鸽、钱震 / **项目地点** _ 江苏省常州市 / **项目面积** _ 240 平方米 / **投资金额** _ 100 万元 / **主要材料** _ 鸿鹄定制

A 项目定位 Design Proposition

庆万家、珠帘半卷，绰约歌裙舞袖。 传统工艺制作的原木漆画屏风将客厅区做了软隔断，进入区域时的开阔和入座后的私密，兼而有之。 木质让人感觉亲切自然，沉稳的红木窗棂在挑高背景墙上也不会显得空旷，原木的茶几和单椅只是空间的配饰，主位使用的是更为舒适的简约沙发。

B 环境风格 Creativity & Aesthetics

把酒化桑麻，声闻汲井瓯。 厨区做了中西分离的开放式设计，餐区与休闲茶座比邻而置，烹茶取水，只需轻走几步；竹帘慢放，就是个静谧空间。 设计师对茶室的用心见解独到，品茗问道，不需名贵茶具，只需斗室与心。窗外即是四季风景，杯中就有千滋百味，真正的茶味在于寂静的心。

C 空间布局 Space Planning

三种中式卧室的具体展现 主卧——风格的最大化 窗棂、宫灯，在光源的配搭下，优雅的大家风范，无需特别修饰。

D 设计选材 Materials & Cost Effectiveness

儿童房——蓝色系下的点睛之笔 满屋似乎都被亮丽的蓝色占领，丝绒背靠、纯棉海蓝，可细细观察，含蓄的黑色装饰线条出现在不同材质的收口拼接处，与素色的墙面相合，带出素雅的盛唐风貌。

E 使用效果 Fidelity to Client

老人房——端庄丰华的东方境界 泼墨勾勒的画卷静置于窗前，与景融于一处。长辈需要日常的朴素与安静，便不加修饰，实用雅致。

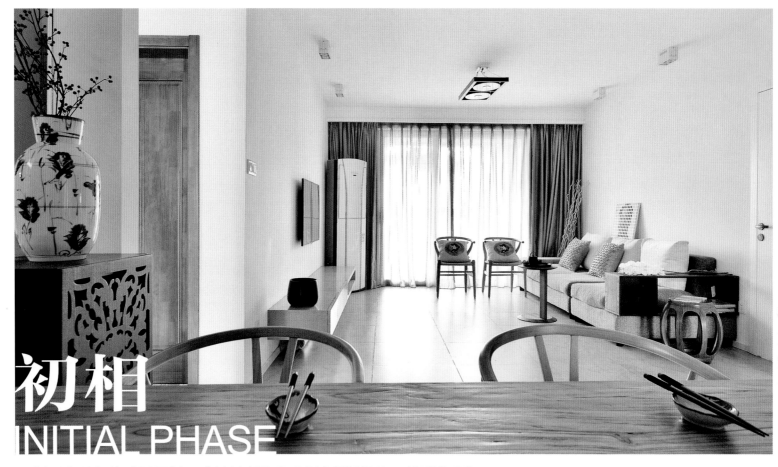

初相
INITIAL PHASE

项目名称 _ 初相 / 主案设计 _ 黄译 / 项目地点 _ 江苏省南京市 / 项目面积 _ 98 平方米 / 投资金额 _ 20 万元 / 主要材料 _ 居道

A 项目定位 Design Proposition

"初相" —— 从观察主人的生活动线及态度开始，我们的设计前期沟通长达半年之久才开始正式提笔。我们把空间作为业主生活的一个素材载体，以简洁俐落的直线条贯穿始终，强调穿透的层次感，使在视觉上达到一致性，再通过对中式符号优雅的处理和表达，将自然意向融入居室，繁杂的心绪不知不觉被收拢安抚，释放轻松悠然的生活节奏。

B 环境风格 Creativity & Aesthetics

精致的设计感隐藏在细节中，透过沉稳的地砖、玻璃、明镜、影木等材质，不仅放大了空间的坪效，精致度也相对提升，属于人文的温度及精彩，也轻轻的拢络在每个延展开来的线面。

C 空间布局 Space Planning

大开面的设计让小空间有舒适的张力，功能在配置在形体上与建筑本体充分契合，让空间的基本面充分展露。

D 设计选材 Materials & Cost Effectiveness

业主特别强调需注重空间舒适的感觉，低调、古朴、低彩度、重质感等需求，屋主希望回到家之后，能享受自然休闲的度假风。计师运用通透或开放的材质成就介面，让空间感得以延续，视野可以无限宽广。为了营造温馨舒适的氛围，材质及家私的色系上选购以较具暖色彩度或中性色调调性为主，以低彩度的材质呈现材料本身的表情。厅堂铺以城堡灰地砖，雾面平光的质感，立面枫影木的自然纹理和大胆的留白视觉，让自然意象成为主景。

E 使用效果 Fidelity to Client

"我不是为了享受豪宅而求设计，而是为了享受生活。"业主如是说。

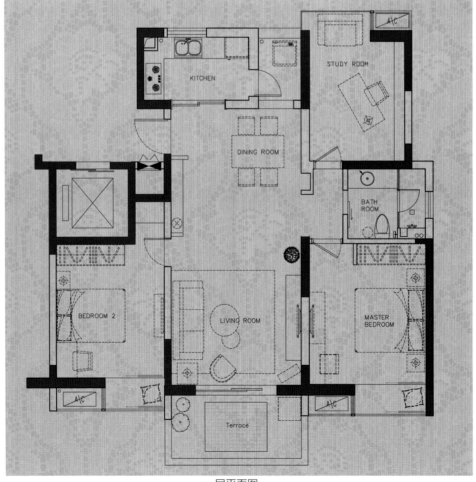

一层平面图

泰安道五号院一号院
TAI'AN FIVE HOSPITAL NO.1 HOSPITAL

项目名称 _泰安道五号院一号院 / **主案设计** _张宝山 / **项目地点** _天津市 / **项目面积** _200 平方米 / **投资金额** _约 160 万元 / **主要材料** _意大利蜜蜂砖、意大利威罗艺术涂料、柏丽地板、科宝橱柜等等

A 项目定位 Design Proposition
个性化，既有传统又能体现当代人群居住方式。

B 环境风格 Creativity & Aesthetics
体现美式后工业感，设计革新。

C 空间布局 Space Planning
重新梳理空间，根据功能和动线，大胆改造重新分割空间。

D 设计选材 Materials & Cost Effectiveness
灰色嵌板，艺术涂料，复古砖，艺术线条，黑色作旧实木门板，文化石等。

E 使用效果 Fidelity to Client
开阔视野，开发想象，视觉艺术呈现。

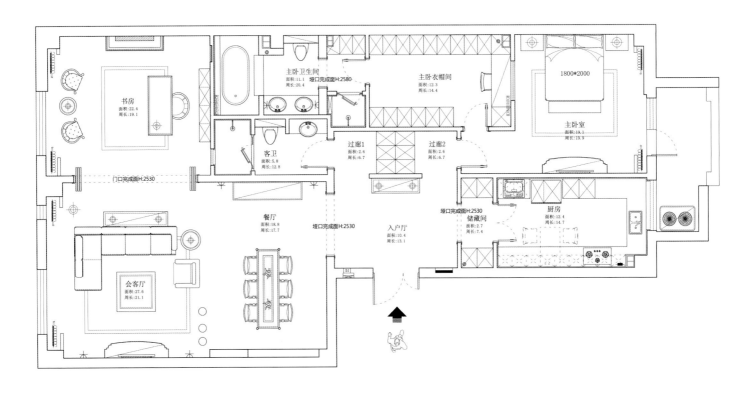

一层平面图

东方润园私宅设计
EASTERN RUN PARK HOME DESIGN

项目名称 _ 东方润园私宅设计 / 主案设计 _ 张泉 / 项目地点 _ 杭州市 / 项目面积 _300 平方米 / 投资金额 _50 万元 / 主要材料 _ 意德法家帕拉迪奥橱柜、Bardelli 瓷砖

A 项目定位 Design Proposition
本案位于杭州钱江新城最核心绝版地段，面朝开阔的钱塘江，背倚整个杭州最顶级的城市配套。

B 环境风格 Creativity & Aesthetics
纯法式风格是它独有的标签。设计师以简洁、明晰的线条和优雅得体的装饰，展现出空间中华美、富丽的气氛，表达了一种随意、舒适的风格，将家变成释放压力、缓解疲劳的地方，给人以雅典宁静又不失庄重的感官享受。

C 空间布局 Space Planning
客厅中不同形状不同纹路的木质拼花地板的运用形成了颇具立体感的视觉效果，同时使得这个客厅多了几分温馨的居家感受，墙面木质护墙和真丝壁纸的运用，把握了法式风格的简洁、对称、幽雅的精髓，更表达了一种更加理性、平衡、追求自由、崇尚创新的精神。富丽的窗帘帷幄和水晶吊灯的搭配为空间增添了一分柔美浪漫的气氛。窗外则是一览无余的钱塘江景，充分诠释了"全江景国际尊邸"顶级豪宅的内涵和居上流之上的生活方式。

D 设计选材 Materials & Cost Effectiveness
在这套私宅设计中，大到整个空间的布局规划，小到一个门把手，一个水龙头，都是设计师亲自精心挑选的，因此对于舒适度与奢华度的把握自然更胜一筹。

E 使用效果 Fidelity to Client
设计师把中国人的一种精致而高贵的生活在这套作品中体现的淋漓尽致，而不是简单的把法国人的家搬到中国，打造成一个理想中的家的感觉。家是港湾，是心灵的家园。疲惫的旅人在这里找到了心灵的归宿。因为有家、有爱，我们才拥有了面对外界风雨的勇气，才拥有了挑战极限的英雄情怀。

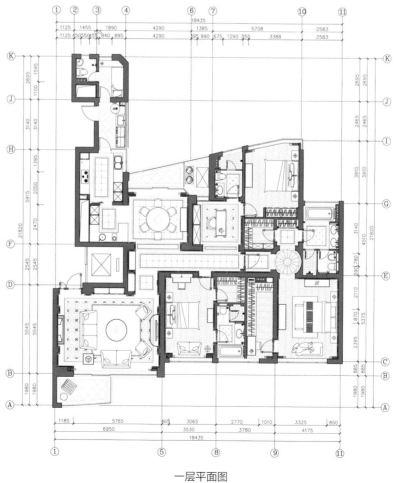

一层平面图

君汇新天混搭私宅实景
BEIJING IN SEATTLE - JUN HUI XINTIAN
MIX PRIVATE REAL

项目名称 _ 北京遇上西雅图—君汇新天混搭私宅实景 / 主案设计 _ 刘金峰 / 项目地点 _ 广东深圳市 / 项目面积 _220 平方米 / 投资金额 _120 万元 / 主要材料 _ 橡木，墙纸，仿古砖，石膏线，大理石，绢画

A 项目定位 Design Proposition

我一直喜欢用电影的方式去做设计，每个人都是有故事的，我喜欢听客户讲她的故事。在沟通中寻找到客户独特的气质，将这种气质融入到空间的设计中去，这样才能设计出符合客户气质的家。家从来都不是样板，从来都不是摆场。

B 环境风格 Creativity & Aesthetics

我相信一个好的住宅设计，呈现给大家的应该先是客户的自身气质，而后才是设计师的锦上添花。

没有多余的装饰手法，一切如同生长在空间里，和谐自然。

C 空间布局 Space Planning

这套住宅的设计，一样源于一些故事，客户喜欢欧美的舒适，也割舍不下中式文化的儒雅，那何不来一场文化的相遇呢？如同北京遇上西雅图一样，让两种风格在这个空间里相得益彰，在西方文化的设计中，烙上中国的印。

D 设计选材 Materials & Cost Effectiveness

新颖。

E 使用效果 Fidelity to Client

很好。

一层平面图

锦华苑
JIN HUAYUAN

项目名称 _ 锦华苑 / 主案设计 _ 周森 / 项目地点 _ 江苏省苏州市 / 项目面积 _ 140 平方米 / 投资金额 _ 10 万元 / 主要材料 _ 科勒卫浴、金牌

A **项目定位** Design Proposition
本案定位于年轻人群。

B **环境风格** Creativity & Aesthetics
本案风格上较为简单，墙面运色大胆。

C **空间布局** Space Planning
本案的吧台设计最为巧妙，空闲之余还能在那儿放松一下。

D **设计选材** Materials & Cost Effectiveness
本案多运用原木的家具，软装饰品非常别致。

E **使用效果** Fidelity to Client
深受业主喜爱。

一层平面图

时尚阿拉伯
FASHION ARABIA'S CUPOLA

项目名称 _时尚阿拉伯之妖气冲天 / **主案设计** _陈文学 / **项目地点** _苏州宝邻苑 / **项目面积** _107平方米 / **投资金额** _15万元

A 项目定位 Design Proposition

本案在设计过程中，一连琢磨了好几个名字都是"妖"字打头，由于个人比较偏爱这个字儿，其实这个字在我的理解是非常好的正力量，只有此字方能解我心头之强烈冲动。经过反复的论证，觉得这些都不给力，太平庸，干脆一不做二不休，再狠点，最终定格"妖气冲天"很符合此案气场。

B 环境风格 Creativity & Aesthetics

这次施工周期很长，虽然本套公寓是两层，但上下加一起建筑面积不过一百平，正常情况三个月足矣，却足足施工了七个月，不过倒是我最喜欢的数字，很吉利！施工这么久也是多种原因吧，不排除我设计的比较繁碎，其次业主也很忙，无法顾及，施工期间基本上都是我跟工长单线联系，有问题都是我和工长相约现场沟通，也挺默契，业主很少露面，大概是不着急入住吧，再加上工长性格很沉稳，做事稳当沉着，不急不躁。

C 空间布局 Space Planning

俗话说"慢火出精品，好饭不怕晚"，我有预感这将是一套不凡的作品，正所谓：福中有祸，祸中有福，福祸相依，大事可期。

D 设计选材 Materials & Cost Effectiveness

新颖。

E 使用效果 Fidelity to Client

很好。

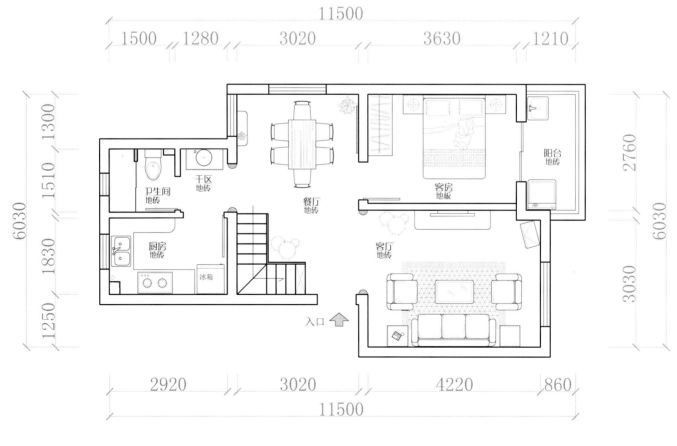

一层平面图

光铸长屋
SUNLIGHT SPREADING

项目名称 _ 光铸长屋 / **主案设计** _ 唐忠汉 / **参与设计** _ / **项目地点** _ 台湾台北 / **项目面积** _281 平方米 / **投资金额** _7000 万元 / **主要材料** _ 橡木木结木皮、咖啡洞石、薄片锈铜砖、黑铁、烟熏橡木地板

A 项目定位 Design Proposition

业主长期居住国外，向往欧洲建筑的居住氛围。因此，本案以非主流的工艺古典风格为导向，挑战设计本身。

B 环境风格 Creativity & Aesthetics

设定空间基础风格后，设计师关注业主行为动线的需求——配合女主人对烹饪的兴趣，将室内建筑的核心设置成餐厅，透过 4 米的大餐桌连结客厅、厨房、书房及卧房，轴线上串连前庭、中庭及后花园，让空间的每个地方都能映入户外的美景，不尽打破空间的隔阂，更增添家人互动的氛围。

C 空间布局 Space Planning

在打造工艺古典风格上，设计师一方面挑选合适的材质，以显现材质本身的特性；另一方面是着重呈现工匠的技艺精神——餐桌上方挑高 3 米的拱型天花，刻意留下木作匠师的技痕，呈现出拼板的技艺。

D 设计选材 Materials & Cost Effectiveness

本案不单是就设计而设计，更多的是与业主互动沟通，关注整个施工过程的细节等。

E 使用效果 Fidelity to Client

业主、设计师、施工团队对本案付出的心血是本案设计的主轴。

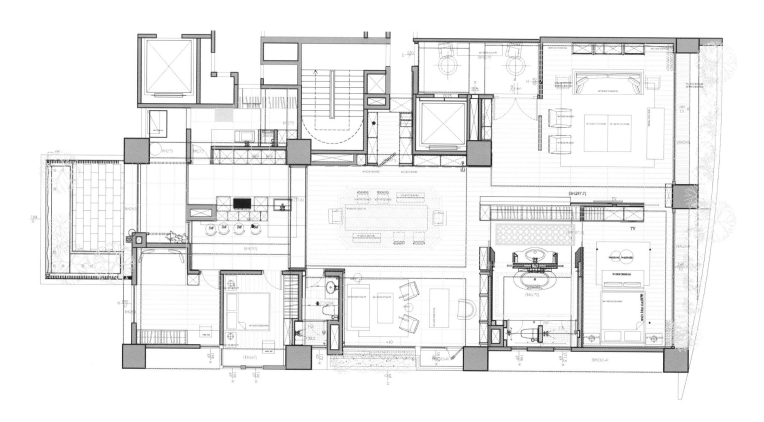

一层平面图

阁楼生活
LOFT

项目名称 _ 阁楼生活 / 主案设计 _ 任萃 / 项目地点 _ 台北市 / 项目面积 _140 平方米 / 投资金额 _21 万元 / 主要材料 _ 阁楼生活

A 项目定位 Design Proposition
大隐隐于繁华台北城逸仙路巷弄中陈公馆，秘密轻奏着不同于扰攘城市的旋律，每个音符盈满了人文艺术与自由的能量，为一对夫妻每次浪漫出走前的安栖之所。

B 环境风格 Creativity & Aesthetics
每与朋友家人的欢聚笑语凝聚了一室的爱与能量，客餐厅以利休灰地板漆与白色软件的基底调和成的庄重，因以恰到好处的铁件家具与木料点缀而呈现有机的跃动，客厅与餐厅的开放令空间自由伸展，慵懒斜躺 L 型宽敞沙发，耳边友人笑语亲切，清透玻璃隔间洒落阳台天光，拼装木栈板几何勾勒，此刻纽约苏活区的节奏慢声响起，融汇老城区与工业风格的人文品味，水泥肌理与原始隔间，材质的肌理将合奏一曲生活的节奏蓝调予你。

C 空间布局 Space Planning
人说美食就是一曲美妙，开放式厨房一长 Lounge Bar 邀请你入席，桌面冷冽金属银光流淌，高脚椅斜靠，闭眼微倾享受波摩威士忌泥煤粗旷气味的喉韵，温润木质与工业风格铁件的冲突此刻相拥互融，粗旷材质中却显露纤细。节奏渐快，激昂小号将要出声。锅铲间食材在镜面流离奏鸣，转眼好菜装盘匡啷上桌，杯觥之间，生活的追寻尽付如此。

D 设计选材 Materials & Cost Effectiveness
乐声将近尾声，萨克斯风此刻感娓娓道来风情。
藏匿于通往阳台走道的主卧室是此乐章的绮情，床头以活动式隔板划破了与客厅公共空间的界线，宛如无数电影场景转换，聚焦失焦，是伊人的恍惚牵影，是恋人的缓身款摆，也是空间的表情转换。纯白与浅木色的轻柔搭配是夫妻二人私密空间的光采，有别于客厅的开放式，书房及影音空间是两人重拾恋人时光抑或享受孤独自我，影音空间中机巧的浅木色木门门后藏匿洗衣机能，蓝调女伶微醺优雅的踏在每一精准的拍子。

E 使用效果 Fidelity to Client
最初 LOFT 意义仅是谷仓仓库，而现在成为了一种认真的生活风格，揉杂人文思想与工业风格的机能纯粹，轻巧隔间的游走盈蕴不羁自由的空气，创作饱满艺术。

一层平面图

红星国际晶品
HONGXING INTERNATIONAL CRYSTAL

项目名称 _ 红星国际晶品 / 主案设计 _ 黄希 / 项目地点 _ 云南省昆明市 / 项目面积 _112 平方米 / 投资金额 _31 万元 / 主要材料 _ 金意陶地砖、艾尼得套门、科马洁具、隆森厨柜等等

A 项目定位 Design Proposition

选用了较为沉稳的黄色和灰色结合纯白色来协调，黄色水曲柳木纹的家居让整个空间看起来温馨，搭配上灰色的镜面和火山石，让空间增加了个性和硬朗度。

B 环境风格 Creativity & Aesthetics

整套方案已为设计元素，鞋柜，换鞋凳，吊顶，储物柜等都是围绕来做的。

C 空间布局 Space Planning

本方案打破常规，没有一盏主灯，取而代之的是灯带和射灯，让空间更加简洁明快。大多数时间是男主人一个人居住，再加上业主喜欢品酒，因此在餐厅去没有设置独立的餐桌，而是设计了展示为主的酒柜和简洁的石材吧台。

D 设计选材 Materials & Cost Effectiveness

单身男性的生活不喜欢过多的繁琐，所以现在的主卧不单单是睡觉的地方，包含了书房，健身房。健身累了可以躺在浴缸里放松自己，浴缸和主卧之间用玻璃代替了墙体，增加了空间的宽阔感和光线。这大胆的设计得到了业主的大大赞赏。整个房间里还选用了少数的蓝色来冲击视觉，让沉稳的空间带有一点活跃。

E 使用效果 Fidelity to Client

非常好。

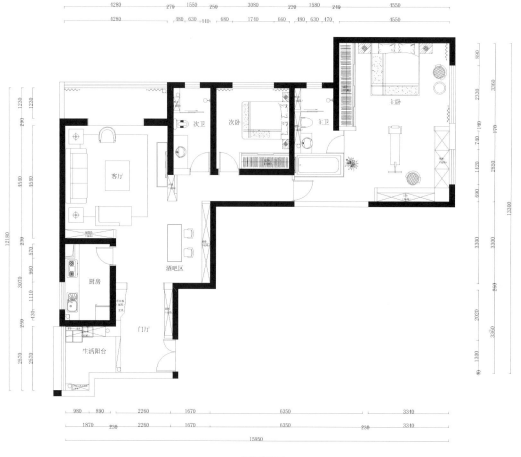

一层平面图

碧云居
HOME OF YUN

项目名称 _ 碧云居 / 主案设计 _ 孟繁峰 / 项目地点 _ 江苏省南京市 / 项目面积 _ 120 平方米 / 投资金额 _ 60 万元 / 主要材料 _ 云多拉灰大理石、胡桃木、合成石材、牛皮、真丝、钨钢

A 项目定位 Design Proposition
本案旨在探讨家在一个个体生活中的意义，它的存在形式，它想要营造的氛围以及表达什么样的生活方式。

B 环境风格 Creativity & Aesthetics
在风格表达上，融合了中式文化中明式的简练，元素简洁，线条式地勾勒了家的轮廓，工业风的金属感，怀旧感增加了家的记忆性。现代手法的表达清晰明了。

C 空间布局 Space Planning
在格局上打破了三居的小环境，破除一居成为二居，同时强化了餐厨空间，让民以食为天的中国人在餐厨空间中更能得到充分的交流和互动，以增加家庭沟通的频率和机会。给夫妻的新生活带来充分的交流与情趣。

D 设计选材 Materials & Cost Effectiveness
选材深沉；木石的结合随处可见，偏自然性的选材标准使得家庭理性之外尚存亲近之感，宝蓝色是软饰让这个家更加静谧，不时跳跃的红色也给这对安静的夫妇一些小惊喜小意外。

E 使用效果 Fidelity to Client
本案紧扣客户个人的生活习惯以及目前家庭出现的问题给予尽可能的改善和引导。

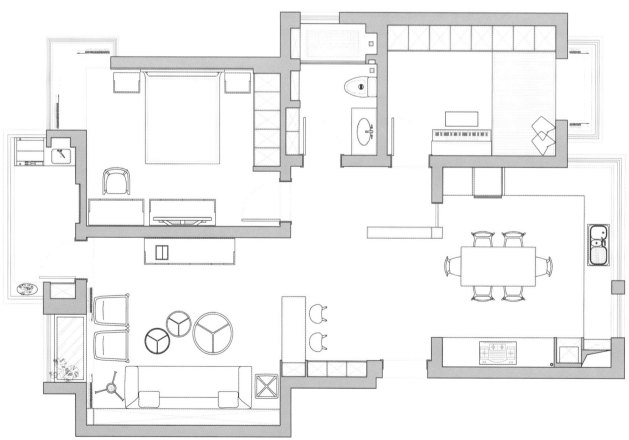

一层平面图

河岸之心
THE BANK OF THE HEART

项目名称 _ 河岸之心 / 主案设计 _ 苏健明 / 项目地点 _ 台湾 台北县 / 项目面积 _116 平方米 / 投资金额 _60 万元

A 项目定位 Design Proposition

充满文化气息的塞纳河左岸，是巴黎人的最爱逗留之地；洋溢新旧混合的淡水河左岸，是台北人崭新生活的起始梦土。

B 环境风格 Creativity & Aesthetics

屋主一家人非常喜爱这样的河岸景观，期待每天能在客厅与餐厅毫无保留地欣赏这渡假般的美景，屋主也提出能有一间多功能的书房兼客房需求，其他空间规划仅希望能有单纯大器的风格表现。

C 空间布局 Space Planning

设计师对此空间的设计思考：
（1）解构空间基地，分析一个空间基地本身的条件与优劣势；
（2）使用者需求优先，研究解决问题的设计结构逻辑；
（3）打破框架，创造新的可能，并从设计结构产出新的空间动线；
（4）引光入室，考虑空间特性的适合材质与色彩计画；
（5）艺术生活，导入家具家饰或植栽，最终呈现家的风格。

D 设计选材 Materials & Cost Effectiveness

顾虑 2 岁儿子现在正是好动的年纪，相关建材也需注重儿童安全。包括采用全实木地板，并在转角处做细腻考量。透过石材，实木与铁件等多元材质混搭，建立了家中核心位置的多边型吧台，仿佛凝聚了全家人的视觉焦点与情感重心。

E 使用效果 Fidelity to Client

由于家中有好动年纪的孩子，因此在设计上希望兼顾能让她在自在快乐健康的环境成长。

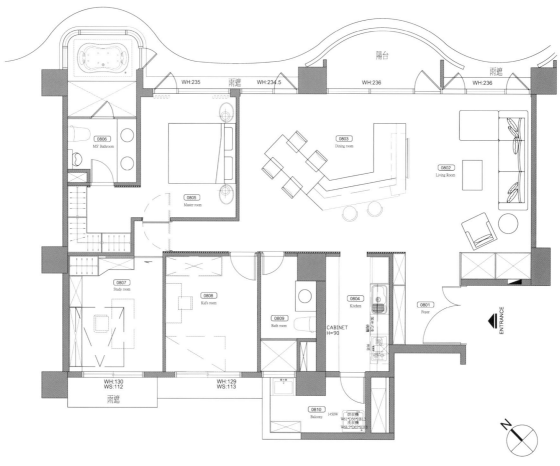

一层平面图

时尚之悦
FASHION JOYOUS

项目名称 _ 时尚之悦 / **主案设计** _ 张凯 / **参与设计** _ 吕仲雯 / **项目地点** _ 台湾省台北市 / **项目面积** _ 150 平方米 / **投资金额** _ 85 万元

A 项目定位 Design Proposition
特有的时尚精品与自然元素交融的新式风格，其中关于时尚感的强烈物件如金属铁柜，有着完全创意性的表述。

B 环境风格 Creativity & Aesthetics
本案欲在一片自然派氛围中，找寻另一条室内设计文化路线，以自然素材与鲜明金属相互搭配，琢以雕塑意象、利落线条呈现出一种新人文时尚风格，强调自然建材需与时尚元素相互激荡、碰撞，在化学质变之后，产生的混合物来彰显一种人文思维底蕴的精神，而非单纯。将自然媒材``放``上墙面，材料必须被精密的思考切割，才能激发出它最凛冽的气味。

C 空间布局 Space Planning
空间布局上，采用集合式空间整合，打破书房与客餐厅厨房的分隔，让空间完全融为一体。

D 设计选材 Materials & Cost Effectiveness
选材上，以金属板凹折，每柜体相互独立并且间距等距。书房以矿岩板与皮革作为书桌桌面及隔屏材质，黑镜面玻璃作为地坪，营造出如镜面湖泊般的效果。

E 使用效果 Fidelity to Client
完全精品式空间制作，每个沟缝宇凹凸面相互对应，几何块体相互牵连，为新式时尚简约＋自然风格的融合做一个特殊注解。

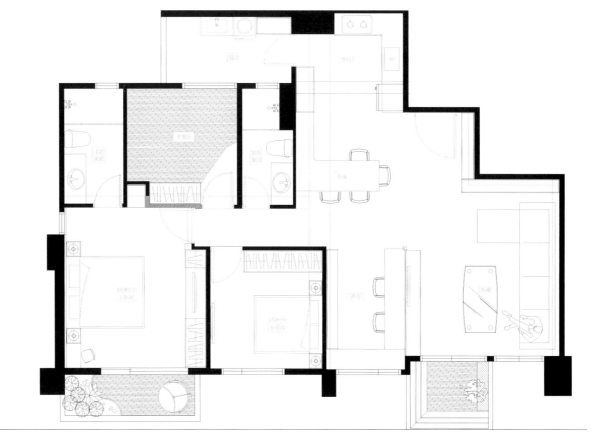

一层平面图

月光．流域
ON RIVER

项目名称 _ 月光．流域 / **主案设计** _ 陈冠廷 / **参与设计** _ 陈丽芬 / **项目地点** _ 台湾省新北市 / **项目面积** _ 200 平方米 / **投资金额** _ 70 万元 / **主要材料** _ 亨特窗饰

A **项目定位** Design Proposition

此案位于都市重划区,新建案林立,该建案目前为此区豪宅的指标,整体营造必须能衬托该地段之价值。

B **环境风格** Creativity & Aesthetics

因此案面对河岸,提案时就是以景观为设计出发点,将沙发及中岛桌配置是以面对河岸为主!摆脱传统的形式。

C **空间布局** Space Planning

布局上除了以面对河岸为主轴外,将主卧房的隔间退缩形成过道,引进光及视觉上延伸!同时也利用地坪材质来连结空间。

D **设计选材** Materials & Cost Effectiveness

因工程投资总额有限,选材上更需要控制预算,选用的木地板材质其实为耐磨地板,柜体古铜材质其实为特殊涂料。

E **使用效果** Fidelity to Client

整体氛围低调质感,又能反映屋主本身性格!所以屋主相当满意。

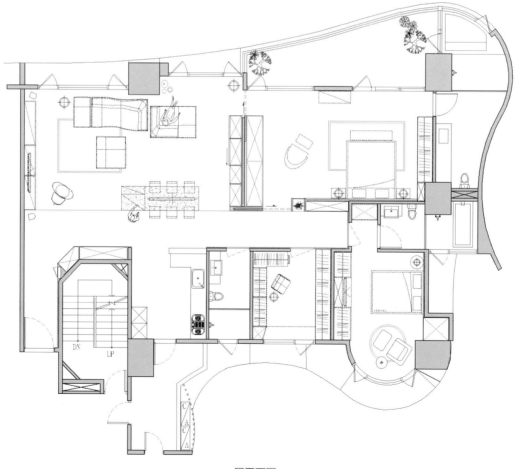

一层平面图

普普艺术
POP ART

项目名称 _ 普普艺术 / **主案设计** _ 林宇崴 / **参与设计** _ 白金里居空间设计团队 / **项目地点** _ 台湾省台北市 / **项目面积** _50 平方米 / **投资金额** _30 万元 / **主要材料** _ 榭琳家饰

A 项目定位 Design Proposition

在国外相识相恋的屋主，决定在台北携手成家。这个 50 平方米的空间，是他们成家后第一个梦想的踏阶。他们不喜欢白墙的冰冷，希望能像国外影集的场景，一起下厨后，拿着书本，偎在壁炉旁，和最爱的人谈天或小酌。他们很好客，也很喜欢烹调，周末时分会邀请三五好友齐聚家中，分享美食，聚在一块看 DVD。他们的鞋子和衣服需要很足够的收纳空间，最好，能有个更衣室。

B 环境风格 Creativity & Aesthetics

我们擅长在小坪数空间中运用精准的比例，在 50 平方米的空间里，放了一张 6 人坐的大餐桌，这个专属于他们的用餐空间，每到周末就是好友相聚共享美食、谈天说地的分享时刻。

C 空间布局 Space Planning

建商原有的动线规画不佳，加上格局的开阔度不足，让 50 平方米的小空间看起来显得局促狭小，厨房紧邻着房间，让走道仅有容纳一人行走的宽度。我们仅挪动了房间的位置，将开放空间聚集在同一个区域，开放式的厨房，一应俱全的厨具设备，满足业主喜欢下厨与好客的生活需求。

D 设计选材 Materials & Cost Effectiveness

延伸的实木线条，从天花板一直包覆到从至电视背墙，让客厅和餐厅间场域的定义不再以墙为主。芥末绿的色彩，大胆搭配紫罗兰色的沙发，和名家设计的茶几上黄色的线条，撞击出时尚感。几何方块虚实交错的柜体，让喜欢的书、照片和搜藏与木框结合，成为生活最亮眼的装饰，白色的柜子以门片覆盖，是最优雅的收纳空间。水泥粉光的地板消弭了场域的界线，却又不失家应有的温馨感及个性。

E 使用效果 Fidelity to Client

这个温馨又舒适的空间从此成了业主朋友间最棒的聚会场所。

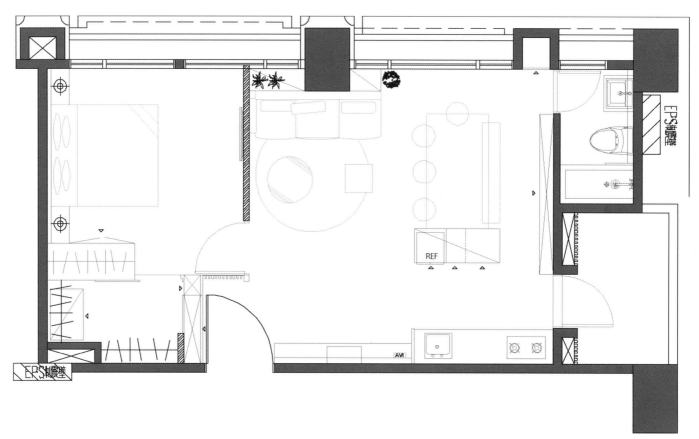

一层平面图

云淡风轻
CLEAR

项目名称 _ 云淡风轻 / 主案设计 _ 夏伟 / 项目面积 _130 平方米 / 投资金额 _30 万元

A 项目定位 Design Proposition
混搭新中式。

B 环境风格 Creativity & Aesthetics
俗尘杂事，浮华喧嚣，冲刺着我们的神经，过快的生活节奏，令大脑高速运转，身心俱疲。回到家，我们渴望一颗恬静的心，一份舒适的心情，一个静谧的独有空间。营造出一种花鸟古韵气息的静谧空间。

C 空间布局 Space Planning
在建筑空间的设计上，城市组通过科学的手段实现一个人与人、人与建筑互动的空间媒介。

D 设计选材 Materials & Cost Effectiveness
新颖。

E 使用效果 Fidelity to Client
很好。

一层平面图

朴致居
PURE ELEGANT

项目名称 _ 朴致居 / 主案设计 _ 张祥镐 / 参与设计 _ 胡善淳 / 项目面积 _350 平方米 / 投资金额 _200 万元 / 主要材料 _Minolti,Kuan livig,Etai design living

A 项目定位 Design Proposition

一个设计师对于任何一个作品，都必须要有自己的见解及独到见解，在这设计案里面，我们把台北市都会的精致精神带进了这居住场域，而在整体配色，绝对是为此客户重头量身定作，这就是空间设计师必须要有的都市面的个人独到见解及观点。

B 环境风格 Creativity & Aesthetics

我们把最属于都会的面貌带进了住家空间，他可以是主人的招待会所，也是个全家人沈静在都会幽雅的空间里面生活的重要场所。

C 空间布局 Space Planning

空间布局上，将所有过道用展示性的平面手法呈现，包含沙发后方展示精品柜体，以及入口玄关用爱玛仕的皮面收边。主卧室与书房，用了精准对位的空间布局，让不同属性的空间，得以以空间丰富的层次来呈现。

D 设计选材 Materials & Cost Effectiveness

我们用伊太空间设计的专门手法，让不同材料得以呈现原本面貌之余，也让不同面向的材料语言，得以融合。在运用了布面，皮面，石材，镜面，木头等等，在在都要呈现如题目所表明，让最质朴的材料面向可以达到最精致也最优哑的居住场所。

E 使用效果 Fidelity to Client

空间经由一连串的反覆思量，最终达到了成品面向，客户可以非常悠游自在的在里面雕琢出他自己的生活痕迹，这是这案子的最完美的效果。

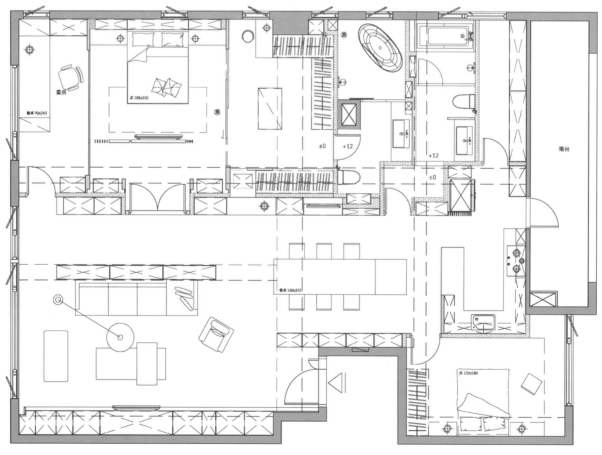

一层平面图

泉州聚龙小镇
QUANZHOUJULONGXIAOZHEN

项目名称 _泉州聚龙小镇 / 主案设计 _张鹏峰 / 参与设计 _蔡天保、张建武 / 项目地点 _福建省泉州市 / 项目面积 _140平方米 / 投资金额 _60万元 / 主要材料 _贝朗、欧派、大自然

A 项目定位 Design Proposition
项目位于风景秀丽的聚龙山麓，园区背靠绵绵数万亩自然森林，栽植有数千类奇花异木，空气中负氧离子含量达每立方厘米上万个，平均气温较市区低2至3度，处处鲜花绿树、鸟语花香，集天地钟灵之气的优越环境和不凡气势于一身，堪称世外桃源、养生仙境，是休闲养生的好去处。

B 环境风格 Creativity & Aesthetics
本案设计师结合地理位置，营造人与自然和谐相处、现代文明与纯朴乡情的互相融合，设计出人们心中向往返璞归真的意境。

C 空间布局 Space Planning
步入大厅，客厅、餐厅、开放式厨房连成一片，显得开阔敞朗，空间放弃了多余的修饰，简洁利落的实木线条，彰显主人素雅沉静，不须理会世间潮流时尚的纷纷扰扰，闲暇之余，舒舒服服地坐在沙发上，品味一杯清香的好茶。藏身在客厅之后的，是一间开阔的书房，占满一整面墙的落地书柜，可以把主人的至爱收藏整齐罗列，理性的线条装饰与客厅的调性一脉相承，连摆放的书本都是一个系列风格，不显摆不张扬，只按自己的喜好掌握空间的节奏。

D 设计选材 Materials & Cost Effectiveness
最让人眼前一亮，印象深刻的应该是客厅处那尊精致、洁净的佛头雕像，整个空间我们选用橡木饰面板做主材，搭配原木地板，餐厅的树干，走道与卧室的落地花格，没有突兀的色彩，简约自然大方。

E 使用效果 Fidelity to Client
禅，是东方传统文化的精髓，讲究直心是道场，平常心便是道。本案将我们的设计与生活相融，展示了禅意。

主卧
S:13.4m²
C:15.0m

主卫
S:4.6m²
C:9.1m

儿童房
S:13.0m²
C:18.1m

书房
S:9.2m²
C:12.1m

老人房
S:12.1m²
C:14.8m

公卫
S:3.9m²
C:8.7m

休闲阳台
S:6.6m²
C:11.9m

客厅/餐厅
S:42.7m²
C:39.8m

生活阳台
S:2.2m²
C:7.0m

储物间
S:1.8m²
C:5.5m

厨房
S:6.7m²
C:10.9m

一层平面图

一澜新作-
九龙仓御园简约三居
A NEW SIMPLE SANJU - WHARF GARDEN LAN

项目名称 _ 一澜新作 - 九龙仓御园简约三居 / **主案设计** _ 徐玉磊 / **参与设计** _ 徐玉磊、秦浩洋、喻敏 / **项目地点** _ 四川省成都市 / **项目面积** _134 平方米 / **投资金额** _70 万元 / **主要材料** _ 科定、简一、科勒

A 项目定位 Design Proposition
此案为典型的简约设计，简洁的顶面、地面、墙面的材质与色彩，通过材质的变换来显示出空间的节奏感。整体给人干练简洁的舒适感。

B 环境风格 Creativity & Aesthetics
木色 + 灰色系风格规整却又有着必要的亲和力，原木素材依旧是无法比拟的自然风，通过材质及灯光，空间变化营造出喧嚣都市中的宁静之地。

C 空间布局 Space Planning
整个设计在布局上在开放的基础上加入了一些构成手法，让空间更有层次感，搭配不同的材质变化让空间节奏感很强。

D 设计选材 Materials & Cost Effectiveness
此案在材料选择上没有过多采用新型材质，大量用传统的常规材料，旨在营造舒适、宁静的居家空间。

E 使用效果 Fidelity to Client
作品完成以后，业主的一句简单的"我很满意"即是对我们作品的莫大肯定。

一层平面图

上海滩花园
SHANGHAI GARDEN

项目名称 _ 上海滩花园 / **主案设计** _ 黄文彬 / 项目地点 _ 上海市 / 项目面积 _140 平方米 / 投资金额 _45 万元

A 项目定位 Design Proposition

所谓乡村，绝大多数指的都是美式西部，也有法式和英式乡村等。我的设计仍以后现代为主要表现手段，触及客户需求拟定主题为现代西部风情的乡村风格。西部风情运用有节木头以及民族风情拼布，主要使用可直接取用的常用木材，不用雕饰，仍保有木材原始的纹理和质感，利用现代工艺进行表面碳化，还刻意添上仿古的瘢痕和虫蛀的痕迹，手工上漆，创造出一种古朴的质感，将贵族的家具平民化，展现原始粗犷的美式风格。设计仍然非常讲究功能性和实用性，为主张生活的闲适，布局上运用了"度"。度被认为是哲学的"逻辑起点"，度是质和量的统一范畴，是事物保持其质的量的界限、幅度和范围。关节点是度的两端，是一定的质所能容纳的量的活动范围的最高界限和最低界限。度是关节点范围内。

B 环境风格 Creativity & Aesthetics

后现代为主要表现手段，触及客户需求拟定主题为现代 mix 西部风情的乡村风格。

C 空间布局 Space Planning

设计仍然非常讲究功能性和实用性，为主张生活的闲适，布局上运用了"度"。度被认为是哲学的"逻辑起点"，度是质和量的统一范畴，是事物保持其质的量的界限、幅度和范围。关节点是度的两端，是一定的质所能容纳的量的活动范围的最高界限和最低界限。度是关节点范围内。

D 设计选材 Materials & Cost Effectiveness

西部风情运用有节木头以及民族风情拼布，主要使用可直接取用的常用木材，不用雕饰，仍保有木材原始的纹理和质感，利用现代工艺进行表面碳化，还刻意添上仿古的瘢痕和虫蛀的痕迹，手工上漆，创造出一种古朴的质感，将贵族的家具平民化，展现原始粗犷的美式风格。

E 使用效果 Fidelity to Client

非常讲究功能性和实用性，主张生活的闲适。

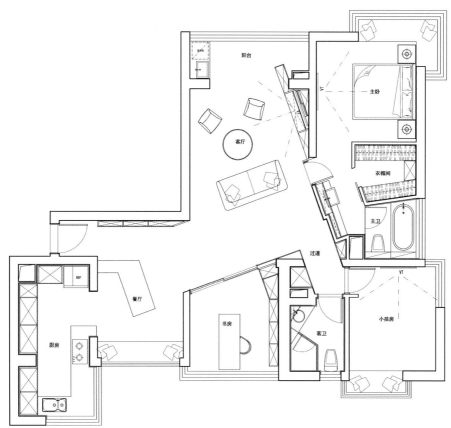

一层平面图

守望麦田闻到自然味的家
CHENGDU CHINA HALL COURTYARD

项目名称 _ 守望麦田闻到自然味的家 / 主案设计 _ 黄育波 / 项目地点 _ 福建省福州市 / 项目面积 _ 121 平方米 / 投资金额 _ 42 万元 / 主要材料 _ 蒙托漆、强化板

A 项目定位 Design Proposition
楼盘是罗源靠山位置，在闹事中取静，业主的偶像是现在的国母彭丽媛，细化她的在希望的田野上，客户对麦田有一定的喜好，在设计上空间使用麦秸板做基材，再通过建筑三维空间的手法表现空间。从而在空间上有立体感也有麦草的味道，在空间有结构有味道的同时也体现了家居环保的原则。

B 环境风格 Creativity & Aesthetics
项目位于罗源临山，给予人以心灵的宁静，让空间透出简约而不简单的高贵。

C 空间布局 Space Planning
客厅与休闲区是一块落地窗，让空间的自然光更好的渗透，餐厅与厨房完全敞开让其更好的与客厅融合贯通。主卧与书房的贯通，利用两扇落地窗更空间更明亮，再加上主卫的透明化让空间显得更宽敞明亮。

D 设计选材 Materials & Cost Effectiveness
大多数选环保材料，降低空间的环保系数，而在家具的选择上是选择的是国际品牌，从而凸显业主的品味与对空间环保与原生态的追求。

E 使用效果 Fidelity to Client
由于房子是临山位置，且设计灵念独特，据了解后续已升值数倍，且被不少上层名流所认可。

一层平面图

台北信义区李宅
TAIPEI SINYI LEE RESIDENCE

项目名称 _ 台北信义区李宅 / **主案设计** _ 谭淑静 / 项目地点 _ 台湾省台北市 / 项目面积 _220 平方米 / 投资金额 _250 万元

A **项目定位** Design Proposition
原始格局一楼空间被切割成琐碎的房间，完全没有采光与通风，地下室虽然面积不小，但也完全没有规划利用，一直是一个储藏室。

B **环境风格** Creativity & Aesthetics
在改造设计上将原本位于边陲角落的楼梯挪移到房子的正中央，使空气从前后两端开窗处引进后，能在空间中流动，将新鲜空气带到地下室，也调整了地下室的湿度。

C **空间布局** Space Planning
光线的部分，经由楼梯的大面积挑空，使光线能从前后两端投射入内，在空间上下自由穿透。两间卧室与楼梯挑空处之间都采用玻璃窗作为隔间，营造出两层楼间视觉穿透的效果，也塑造出立体的空间感。楼梯型式以从墙面长出的悬浮踏阶表现，楼梯扶手则是以钢索材质取代传统造型，减轻了楼梯在空间中的量体感。

D **设计选材** Materials & Cost Effectiveness
不锈钢镀钛板雷射、文化石、镜面、铁件。

E **使用效果** Fidelity to Client
嵌式的灯光，做出凹凸的立体层次，隐喻了屋主的精神信仰，也赋予空间新的生命。

一层平面图

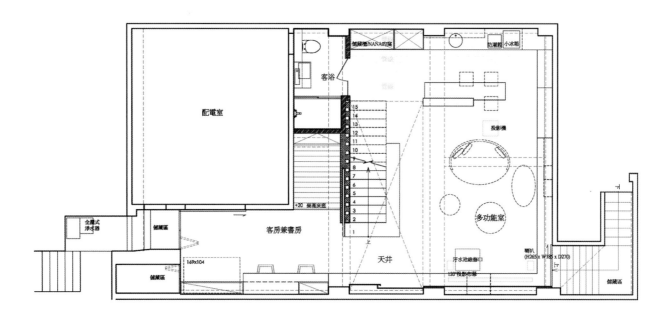

地下一层平面图

叠域
THE CROSSOVER

项目名称_叠域 / **主案设计**_陈婷亮 / **参与设计**_林志远 / **项目地点**_台湾省台北市 / **项目面积**_53平方米 / **主要材料**_大理石、海岛型木地板、实木木皮、铁件、特殊漆、水泥粉光、玻璃

A 项目定位 Design Proposition
此案座落在台北繁忙市中心的老街巷弄里，是一屋龄40年以上的老房子。闹中取静、环境清幽、交通便利。

B 环境风格 Creativity & Aesthetics
我们延用台湾早期普遍可见的红色木门，老房子的旧红门连接着小庭园，红绿相配象是只属于旧时光的辉映，隐身都市内的小风光让人格外珍惜。庭院保留原有老树，并添加玉龙草皮、樱花树与局部墙面植栽，让休息与会议时，也能享受户外绿意。也将户外景观引入室内。

C 空间布局 Space Planning
为了让各空间的使用者都能享受庭园造景，将餐桌、厨房、吧台安排在入门处。中间设计旋转门片，作为主要墙面用。需要隐私或是区隔工作区及会议室时亦可闭合成为活动墙。办公区的最后方，是采用玻璃隔间的主卧房，让寝室具有安全感却不会过于密闭压迫。并考量未来人员扩编，工作空间亦能更动。营造让人置身都市仍能享受一丝宁静与舒适。

D 设计选材 Materials & Cost Effectiveness
全案选用异材质的融合，呈现材料本身特殊纹理，不同材质的灰色系串联空间，也突显家具软件本身鲜艳的色彩。

E 使用效果 Fidelity to Client
此案近期获得国外媒体邀稿报导与荣登俄罗斯2家杂志封面，2013台湾室内设计奖 / 工作空间类TID奖，2014 Architizer A+ Awards / Architecture + Workspace特别奖，刚荣获2014 inside awards入围。

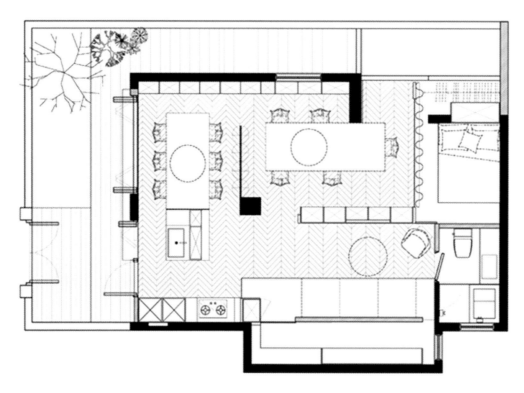

一层平面图

圆融
CIRCLE

项目名称 _ 圆融 / 主案设计 _ 陈婷亮 / 参与设计 _ 林志远 / 项目地点 _ 台湾省新北市 / 项目面积 _ 125 平方米 / 主要材料 _ 木皮、喷漆、玻璃、铁件、大理石

A 项目定位 Design Proposition

男主人是金融业的高阶主管，女主人是退休的老师，两个女儿也都是刚毕业的上班族。原本住在桃园的 3 层楼透天厝。然而，有感于平常晚上或放假时，夫妻在一楼客餐厅，两个女儿各自窝在房里，互动很少；加上女儿于桃园、台北工作往返相当不方便，两夫妻便决定在台北添购新房子，给女儿居住，夫妻俩则六日、偶尔来作客。

B 环境风格 Creativity & Aesthetics

本案混合不同元素。为因应屋主崇尚简单的个性，全室设计以干净清爽为主。没有太多的缀饰、家具等用色也不以花色为主。仅管如此，以色块跟家具本身的设计就清楚明了的展现出不同的区域空间性质，加上色彩的相称与对比，自然地流漏流露设计感。

C 空间布局 Space Planning

本案的空间重整可从一间书房说起，原本最靠客厅的第一个房间，屋主希望改成一间台湾普遍可见的书房玻璃屋，兼临时客房，但这样大小的书房，仅供一个人使用，相当可惜，而家中位于 15 楼客厅拥有两大樘窗景，怎么让客厅、餐厅、书房做结合是我们最优先考量的。此外，让家人生活更紧密也是本案的目标之一，因此，不管是空间配置还是动线规划，我们都以"圆"作为核心。

D 设计选材 Materials & Cost Effectiveness

餐厅柜体以清玻璃、雾玻璃做组合，兼具收纳功能外，雾玻璃在视觉上能除去杂乱感、清玻璃则能完成展示的需求。

E 使用效果 Fidelity to Client

为了改善现代人普遍的"家庭式旅店"的生活习惯，设计师特别着墨于公共空间如餐厅客厅与聚会区的设计，让本来长时间待在家的两个女儿能多花点时间与家人共处。

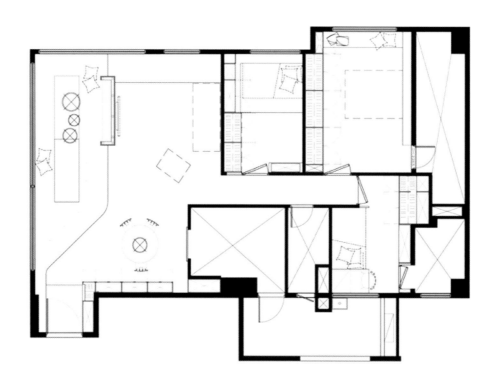

一层平面图

J.W.Home
J.W.HOME

项目名称 _J.W.Home / **主案设计** _吴金凤 / **参与设计** _范志圣 / **项目地点** _台湾省台北市 / **项目面积** _133 平方米 / **投资金额** _100 万元 / **主要材料** _木皮、铁件、石材、玻璃

A 项目定位 Design Proposition
米白、灰褐，蘸墨淡淡，走笔落在林间，风摇落叶。

B 环境风格 Creativity & Aesthetics
木质与石材的沉静，嵌以玻璃，虚实之际，空间机能的分划便自然成形，纵轴的收整，挪让出廊道，空间尺度遂随昼光流淌，因此室内主调虽是秋意浓厚的用色，却显出飒爽。

C 空间布局 Space Planning
隐私空间延续雅素调性，主墙石材纹理、落地窗外透露的绿意，如寐山林。画一室秋景，写意，也是心境的凝缩。

D 设计选材 Materials & Cost Effectiveness
新颖。

E 使用效果 Fidelity to Client
非常满意。

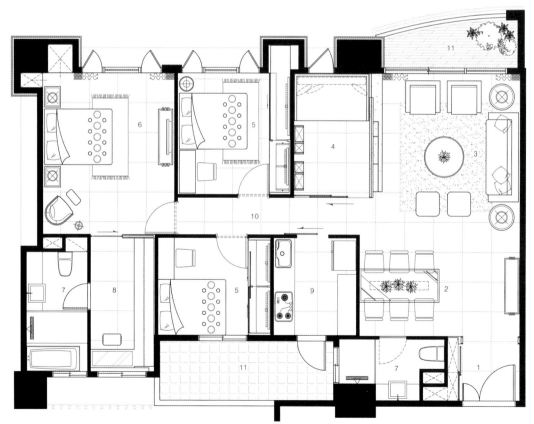

Interior area: 135 m²
Main materials: wood veneer, stone, metal, glass

1.Entrance
2.Dining Area
3.Living Room
4.Reading Room
5.Bedroom
6.Master Bedroom
7.Bathroom
8.Dressing Room
9.Kitchen
10.Hallway
11.Balcony

一层平面图

轻盈·愉悦·三代同堂
AIRY, LIGHT FOR THREE GENERATIONS UNDER THE SAME ROOF

项目名称 _ 轻盈·愉悦·三代同堂 / 主案设计 _ 戴铭泉 / 参与设计 _ 张燕蓉 / 项目地点 _ 台湾省新北市 / 项目面积 _120 平方米 / 投资金额 _100 万元 / 主要材料 _ 科定木皮板、得利乳胶漆

A 项目定位 Design Proposition

住进三代同堂的八口之家，包含三对夫妻（客户及其夫婿，儿子与媳妇，女儿与女婿）及二个小孩（孙子）。 如何在拥塞空间打造宽敞与舒适感，同时满足客户八口之家三代同堂的种种需求，包括风水、足够收纳空间供所有家族成员使用，且不违背设计师对美学的坚持与要求，是设计师最大的挑战。

B 环境风格 Creativity & Aesthetics

由于是在山上，所以窗外的景可看见层层山峦，云雾飘渺，山岚景致在不同时光有不同的变化，所以规画客厅与餐厅可面对一整面的落地窗，让视角延伸阔大，白色系公有领域不设计隔间墙，让自然光线能够充份挥洒其中，藉由木百叶保有隐私兼调光，享受光影交迭的情趣变化。

C 空间布局 Space Planning

为了不让居住环境充满压迫感强烈或笨重的柜体，采用多功能的设计手法，刻意不做满的客厅电视柜一面作为视厅设备柜，另一面则为餐厅橱柜。 餐厅本身也是书房，阅读时轻松至紧邻餐厅的走道开放式书架拿取书籍，走道书架又结合门片鞋柜，而鞋柜又紧邻玄关，方便出入时更换鞋子。 除了上述手法，又应用玻璃与镜子，让整体空间充满 迷人洒脱的轻巧感。

D 设计选材 Materials & Cost Effectiveness

精灵般轻盈的白色系为空间主基调，为了营造空间的轻盈感，所以玄关屏风采用铁件烤白加创意玻璃，也增加了半穿透的趣味性。

E 使用效果 Fidelity to Client

这个案子既满足客户的需求，又不抵触设计师的美学要求，打造美好的双赢合作。

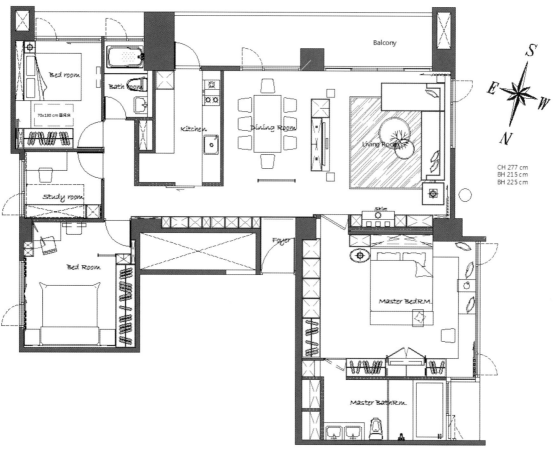

一层平面图

银河湾明苑—HK.LIFE
THE MILKY WAY WAN MING YUAN - HK.LIFE

项目名称 _ 银河湾明苑—HK.LIFE / 主案设计 _ 李康 / 项目地点 _ 江苏省常州市 / 项目面积 _140 平方米 / 投资金额 _55 万元 / 主要材料 _ 科勒卫浴、博洛尼厨房、大普家具、圣象地板、猫王家具

A 项目定位 Design Proposition
与同类竞争性物业相比，本案定位高端高品质客户私人订制，追求极简、舒适。

B 环境风格 Creativity & Aesthetics
客户对设计师的要求很简单：极简、温馨、品质，因此设计中去除了一切繁复的元素，简单的线条、没有复杂背景、没有花哨的顶面空间，甚至连所有的顶灯都全部省去，没有任何多余的装饰，结合客户的喜好搭配颜色、软装，一切都是刚刚好。

C 空间布局 Space Planning
本案在空间布局上并没有做较大的调整，更注重的是客户实际居住使用的实用性，重新规划了门厅和储物空间。

D 设计选材 Materials & Cost Effectiveness
本案中材质运用相对简洁，以大面的墙布做底配以卡其色墙面涂料，再配以部分木皮饰面及灰镜、灰玻达到简洁而又温馨的居家效果。

E 使用效果 Fidelity to Client
与同类竞争性物业相比，此作品的出现引发了 2013、2014 年同类型客户对极简现代设计风的喜爱。同时获得了一米家居自媒体最高的点击量，并被室内设计联盟等各大论坛转载。

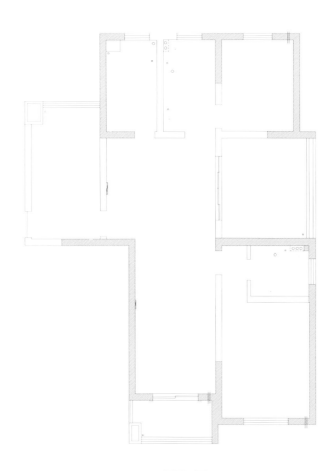

一层平面图

嘉．醴
FINE.MELLOW

项目名称 _ 嘉．醴 / 主案设计 _ 杨焕生 / 项目地点 _ 台湾省台中市 / 项目面积 _218 平方米 / 投资金额 _150 万元 / 主要材料 _ 珍珠鱼皮皮革、木作烤金属漆、西非大理石、镀钛金属、订制灯具

A 项目定位 Design Proposition

东方与西方；英式古典与时尚前卫；沉稳内敛与大气奢华，对立的风格却同时交汇在同一空间，重新定义创造出耐人寻味的惊艳，从视觉、触觉甚至到心灵上，是一场华丽的飨宴。

B 环境风格 Creativity & Aesthetics

这是一个讲究形式的空间，具有『英式前卫』风格却也不想放弃如旅馆"家"的舒适，在这空间我们试图创造超越东、西方品味及价值观的交汇，要具备沉稳与内敛的气度，同时也要创造大器与贵气的奢华，试图将精品存留英式古典的优雅气息，注重时尚也符合旅馆的居住质量，让空间变成主角，我们则像说书人般——阐述这份古典精致又大器的内涵，型塑出独特空间文化型态。

C 空间布局 Space Planning

公共空间利用"田"字型的划分，将玄关往客厅、餐厅到起居室，微调整使得绿意及阳光是恣意地在空间中流畅，再利用拉门、摺门套用在让动线像一个圆的循环，这样的流动对空间或是居住者来说是生生不息的，让家的情感可以透过空间紧紧连系，体现了人文的和谐。

D 设计选材 Materials & Cost Effectiveness

为了从入门开始就让人感到与众不同与精品豪宅的气度，加大的玄关口，门厅廊道给予两人通行的视觉感受，逐步由清透温润的珍珠白往室内延伸到沉稳的咖啡金色调，两侧垂直线性订制壁灯点缀入口仪式性走道空间，这样的优雅利用复合媒材与订制工法呈现庄重与优雅，完全展现过道空间该有的气度风范，创造出属于家的内部空间。

E 使用效果 Fidelity to Client

精品的概念不是只停留在华丽的表象，细节上从英式古典讲究严谨的对称和比例出发，利用复合材质来表达古典与时尚的并存，让视觉、触觉、灯光氛围达到各感官的铺陈，丰富了整体内涵，同时共构许多舒适的角落。

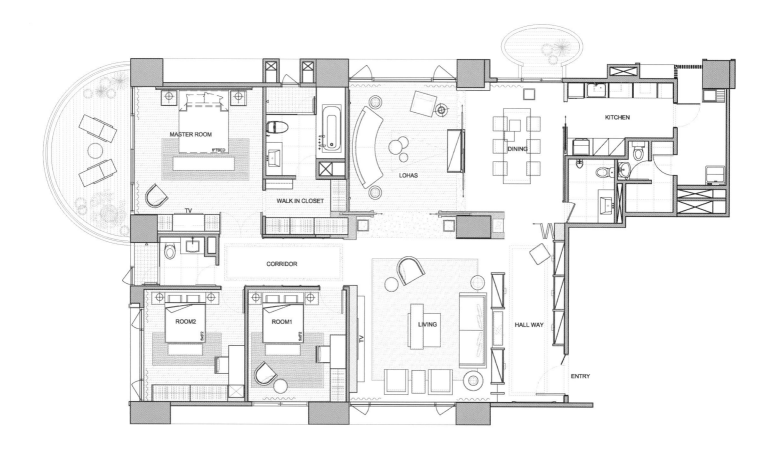

一层平面图

纯粹
PURELY

项目名称 _ 纯粹 / 主案设计 _ 庄轩诚 / 项目地点 _ 台湾省新竹县 / 项目面积 _113 平方米 / 投资金额 _NT 250 万元

A 项目定位 Design Proposition
身处在都市丛林，让许多现代人都想重新回归自然，找寻身心健康平衡的生活方式，而这样的态度也影响了住的形貌。

B 环境风格 Creativity & Aesthetics
设计师开始反省人为室内建筑与自然的关系，"乐活"与"慢活"变成我与居住者之间的共识。

C 空间布局 Space Planning
公共空间之串连延伸，居住者可随心所欲的自在生活。

D 设计选材 Materials & Cost Effectiveness
选材用色皆以自然为前提。

E 使用效果 Fidelity to Client
使居住者能获得舒服平静的感觉，沉浸在慢活里。

一层平面图

40号隐·秩序
NO.40 CONTAIN.ORGANIZE

项目名称 _40号隐·秩序 / **主案设计** _洪文谅 / **项目地点** _台湾省新北市 / **项目面积** _221平方米 / **投资金额** _212万元 / **主要材料** _丹麦PP Mobler家具、科定kd-橡木木皮、荃益-香杉实木

A 项目定位 Design Proposition

设计，从生活需要谈起，想要与需要其实不同，生活应该是简单的而非物质化，在了解行为模式、互动情感之后，"需要"会大于"想要"，将"需要"透过设计落实之后，反射居住者内在心灵与成长经验，衬托生活个性，让随手可触的美好记忆，剖析"家"的真实意涵。

B 环境风格 Creativity & Aesthetics

设计，不能永远保持不变的姿态，应该随着时间的变迁而使空间产生不同的样貌。退去风格语汇的八股表现，线条立面引申出绝对自我的生活意识，在理性与感性之间，彰显或收敛的自主表现上简化媒材，非显示层面并追求感官感知的表现，强调"隐秩序"概念。

C 空间布局 Space Planning

家，是人视为包容、广纳情感的生活容器。从建筑结构到立面分割线条，设计上将之视为减化与净化的情绪过程，相对于阳光随着时序变化、进入室内的角度表情，反映在材质的纹理、区域的交界、线面的分割、界面的通透、灯光的温度、或家具、颜色的变化上，自然而不矫做，自成和谐的旋律，四平八稳的描述一种专属而唯一的生活概念。

D 设计选材 Materials & Cost Effectiveness

材料的运用，是在"生活不应该比它所需要的还复杂"的核心理念下进行。我们用最少的材料来完成一件作品，是在需要与不需要的考虑后，以秩序性的方式呈现，不是单靠材质的特性或颜色的加持，简化媒材，其实也反映出一种不争的生活态度。所以在整体规划上，没有太多繁复的线面、颜色、材质去解释所谓的风格，从界面的消除，透视空间与机能的连续化、一体化，藉由结构，衍生线条分割的立面造型，并与光影的消长共同演绎虚实之间的奥妙。

E 使用效果 Fidelity to Client

在空间里也透过经典家具的原创精神，给予角落或区域聚焦的所在，藉此涵养生活、植入幸福、寓意品味。藉由开窗的框线，引入充沛的光源，打造出流动且透明性高的空间，定调适中的悠闲质素，立面材料与结构线条均以节制、无夸张的手法进行铺陈，在净化美学的标准思维下展开设计，透过住宅裸呈居住者的生命经验。

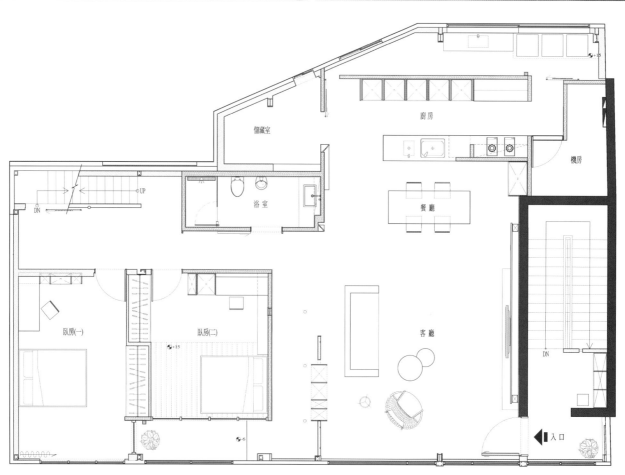

一层平面图

储藏室

厨房

机房

浴室

餐厅

卧房(一)

卧房(二)

客厅

入口

水色天光
RIVER LIGHT·RIVER COLOR

项目名称 _ 水色天光 / 主案设计 _ 吕秋翰 / 参与设计 _ 廖瑜汝 / 项目地点 _ 台湾省台北市 / 项目面积 _100 平方米 / 投资金额 _70 万元

A 项目定位 Design Proposition
对于一般住宅,给予整合简单利落和精准的舒适空间,直接的机能型式,无负担的造型空间。

B 环境风格 Creativity & Aesthetics
因此屋主选了拥有河景的基地,所以在设计上我希望此空间能够与屋外一起流动变化,藉由变化来对抗都市平淡步调的生活。

C 空间布局 Space Planning
空间布局上因屋主需求的关系,所以必须规划出一个客房,但客房在一整年的使用机率上非常的低,所以客房把它规划成能自由封闭及开关的空间,在开放时客房放床处能变成靠近河景的卧榻。

D 设计选材 Materials & Cost Effectiveness
藉由窗口的不锈钢平台反射的特性,能像河景依样反映天色,而把水色引入空间,也藉由此特性,把光线藉由角度的关系照亮屋内木皮色天花板,而使空间产生冷暖的变化,儿墙面特殊处里的镜面也可加强此效果。

E 使用效果 Fidelity to Client
屋主能够体验此变化的张力感,特别期待黄昏夕日引入室内。

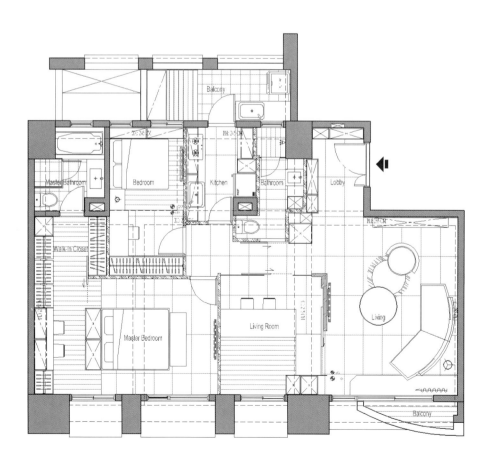

一层平面图

疗愈系住宅
HEALING SYSTEM HOUSE

项目名称 _ 疗愈系住宅 / 主案设计 _ 郑明辉 / 项目地点 _ 台湾新北市 / 项目面积 _ 86 平方米 / 投资金额 _ 35 万元 / 主要材料 _ 梧桐木、铁件

A 项目定位 Design Proposition
此案屋主为一个外科医生，平时工作忙碌且压力大，大多都是半夜回家，所以这次设计概念，就是希望让屋主回家可以有一个解工作压力的地方。

B 环境风格 Creativity & Aesthetics
疗愈系空间的重点在于辆让空间简化，不要过多的材质，让空间回归到最单纯。

C 空间布局 Space Planning
企图把原有浪费的走道空间变大，让走道也变成餐厅空间的一部分。
书房与餐厅与客厅的空间序列，彼此之间没有石墙的阻隔，我们用天花板与地坪高低差不同将空间界定出来。分隔空间不一定要用实墙或是柜体，让空间仍可以维持开阔性。

D 设计选材 Materials & Cost Effectiveness
疗愈系空间我们没有用太多的材质，使用洗白的梧桐木，与白色，整个空间简单，令人觉得放松舒适。

E 使用效果 Fidelity to Client
客厅造型木皮墙面除了整合鞋柜也延伸到窗边卧榻，整体空间看似简单却仍有大量的收纳空间。主卧室衣柜结合活动电视拉门，满足业主需求也非常节省空间。

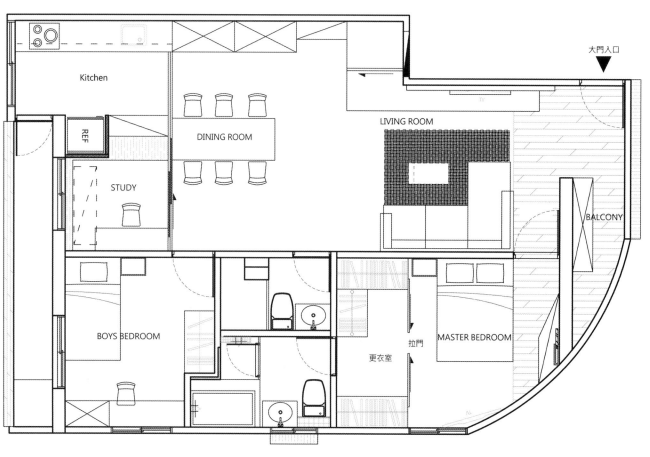

大門入口

Kitchen

REF

DINING ROOM

STUDY

LIVING ROOM

BALCONY

BOYS BEDROOM

更衣室

拉門

MASTER BEDROOM

一层平面图

半岛城邦潘宅设计
DESIGN CASE:MR.PAN MANSION OF THE PENINSULA CITY

项目名称_ 半岛城邦潘宅设计 / **主案设计**_ 李姝颖 / **项目地点**_ 四川成都市 / **项目面积**_270 平方米 / **投资金额**_300 万元 / **主要材料**_REX 地砖、质尊地板、汉斯格雅卫浴、ALNO 橱柜、柏顿墙纸

A 项目定位 Design Proposition

满足个体需要的设计才是我需要做的，而不是盲目的去参照，住宅反应的是个性化，而不是市场大众审美作为导向。

B 环境风格 Creativity & Aesthetics

风格上定为现代风格、流动开敞性的空间设计 。风格上借鉴了平面黑白构成，采用线条拼接个方式来设计。

C 空间布局 Space Planning

公共空间的设计，现代的生活方式的展开。整个公共空间的设计是由生活方式展开，功能上体现现代。客厅、西橱、书房是三个串联型的空间，弧形墙面的设计又是一种限定的打破，打破原有空间的呆板。

整个空间的设计是流动性的，主卧的外墙拆掉做成两扇落地窗，与客厅墙板一致的主卧双开门一开启落入眼幕的就是正对的大床，"空"再一次出现在了卧室，电视柜放置在墙的一边，电视可以从墙面拉出，360 度旋转使用。在细节的设计上，也在追求干净简练，顶与墙面接口的处理，只有 4cm 宽定制的门套线，与墙面一体的踢脚线，卫生间墙砖的铺贴方式等等。

D 设计选材 Materials & Cost Effectiveness

弧形的墙面采用白色的石头，石头的重来稳固白色视觉上的"轻"。对于墙面的设计，大面积采用直线的墙板来衬托弧形墙面的动感。墙板采用定制的浅 V 形起伏的橡木板，然后裁切成直边为 60cm 的等腰直角三角形进行拼贴。大面积采用平面构成的拼接方式让墙面生动起来。整个空间设计一动一静，一重一轻。卫生间的墙地砖基本选用冷色系、通过不同的铺贴方式让卫生间也生动起来，儿童房地板采用彩色地板的拼贴方式处理，不同的空间运用不同的材质进行组合总会有让人惊喜的效果。

E 使用效果 Fidelity to Client

让他们满意而且是符合他们生活需要审美情趣的的住宅，我就觉得是成功了。

一层平面图

禅绵·缠绵
THE LINGERING BETWEEN ZEN AND AFFECTION

项目名称 _ 禅绵·缠绵 / 主案设计 _ 戴铭泉 / 参与设计 _ 张燕蓉 / 项目地点 _ 台湾省新北市 / 项目面积 _200 平方米 / 投资金额 _150 万元 / 主要材料 _ 科定木皮板、得利乳胶漆

A 项目定位 Design Proposition

河景无价，此案所处地理位置为淡水边，可眺望关度大桥及淡水河，有晨光及夕阳夜景等景观，沿岸还有自行车及人行步道，是个适合养老修身的地方。

B 环境风格 Creativity & Aesthetics

以禅风为主轴，加入现代元素及 LED 灯，故在玄关处设计多组十字造型透明压克力架供吊挂及展示男主人的收藏。压克力挂架内嵌 LED 灯，在夜晚时这些十字发光体，彷若宇宙穹苍繁星点点，呼应满室隽永禅意。玄关旁的和室既是休憩场所也是客房，进入和室之前的原木踏板可当坐榻，访客坐卧其上，轻松自在与客厅的人相互对谈。和室拉门不采用传统木作，反而藉由铁件及复古玻璃，呼应客厅的铁件玻璃展示柜。

和室即可为客房亦可当视厅室使用，为多功能的空间规画。

C 空间布局 Space Planning

在玄关处的屏风融入了铁件及实木做成格栅，营造视觉有种半穿透的效果，加上采用压克力挂架内嵌 LED 灯，而空间的布局上只有主卧及和室两房，有别于一般的住宅，让公有领域放大，客厅规划在居室正中央，中轴心动线安排，让屋内的人不管在那个空间，都能以最快的时间与路径，过至另一个空间。

在主卧天花板以流线的造型来呼应行云流水之意像，让此空间充满沈稳以外的顺畅感。主卧床位并没有正对落地窗，反而是转了 45 度角，为了让视觉可直视关渡美景。

D 设计选材 Materials & Cost Effectiveness

采用铁件，结合实木，大理石、大量运用板岩塑造出沈稳、朴实的空间，再采用压克力和 LED 灯的创意让空间带夜晚时发光，和室拉门不采用传统木作，反而藉由铁件及复古玻璃，呼应客厅的铁件玻璃展示柜。玄关格栅采用铁件及实木搭配塑型，再加以 LED 投射灯，让灯光情境有不同的表情变化。

E 使用效果 Fidelity to Client

客户夫妻能感受到被家人包围的幸福。在"禅绵·缠绵"这个案子中，客户全家感受到了这样的幸福，也感受到设计团队的用心与贴心。

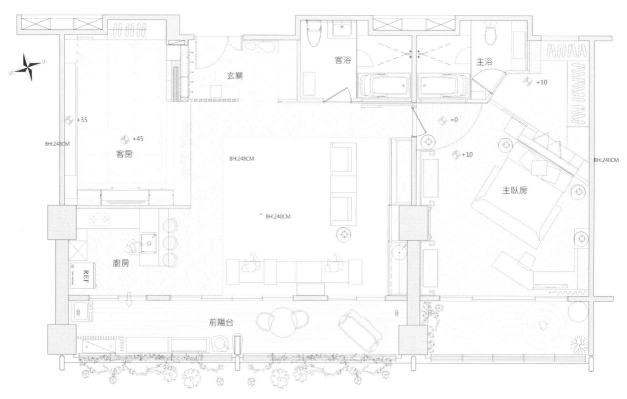

一层平面图

喧嚣背后
BEHIND THE HUSTLE AND BUSTLE

项目名称 _ 喧嚣背后 / **主案设计** _ 胥洋 / **项目地点** _ 江苏省镇江市 / **项目面积** _220 平方米 / **投资金额** _60 万元 / **主要材料** _ 博德精工玉石、金意陶、欧家地板、德国玛堡墙纸、博洛尼橱柜

A 项目定位 Design Proposition

生活伴着喧嚣嘈杂，我们希望的是得到那让自己能真正安静下来，真正适宜居住的环境。不仅仅是居住，更是每天能体味一种叫做自然的放松。远离那些纷纷扰扰，回归到自然质朴年代。

B 环境风格 Creativity & Aesthetics

家，无繁复华彩造型装饰，回归到原始状态，是安静的，质朴的。晨起时，地下室天井那自然不娇作的空间，夜幕，加之灯光的晕染，温柔且细腻。大面积白墙，原生态地板加之淘来的不同文化的做旧家具的搭配，则增加了家居的随意性和生活化，最大化的利用地下室让客户感受到那属于自己独特的自然质朴。

C 空间布局 Space Planning

为了更好满足客户所需的的功能性，区域有些位置是进行改造的。在有效使用家居空间的同时，利用家具的布置提高些功能化的升华，让客户体会到家的温馨与舒适。

D 设计选材 Materials & Cost Effectiveness

原生态木纹地板，显的无比的清晰、自然。墙面不做沉重的石材，木料装饰，仅用白色的乳胶漆和少部分墙纸，清新明亮，空间感觉透气却不显单调。材料环保的同时又有效压缩了过度设计带来的昂贵费用。

E 使用效果 Fidelity to Client

更贴近自然的空间，遇上同时热爱生活，且具有生活品位的客户，让这个家融入了更多的温馨与自然。客户对自己的家非常满意，交谈中透露着自豪与快乐。

天正滨江－宅心物语
BINJIANG TIANZHENG - HOUSE HEART STORY

项目名称 _ 天正滨江 - 宅心物语 / **主案设计** _ 黄莉 / **项目地点** _ 江苏省南京市 / **项目面积** _262 平方米 / **投资金额** _60 万元

A 项目定位 Design Proposition
以业主家庭成员、性格、喜好、艺术品位为设计出发点，后期的软装搭配也是在充分尊重业主的要求上做出新的尝试。

B 环境风格 Creativity & Aesthetics
功能区域划分与艺术气息的完美融合，性格爱好与空间布局的整体协调把控。

C 空间布局 Space Planning
空间布局的功能性与业主个人品位及家庭成员生活方式的一次完美协调与融合。

D 设计选材 Materials & Cost Effectiveness
材料的选择出发点是在充分结合业主的设计风格之上而做了一次大胆的创新尝试，设计师专门为业主设计了带有与之风格相配的纹理瓷砖。

E 使用效果 Fidelity to Client
前期沟通到思想的碰撞，再到中间过程的交流，到最后收获的成果，所有的付出得到业主的高度认可与赞扬。

生活阳台　中厨

保姆间

卫生间　西厨　餐厅　门厅

冲淋区　客卫生间　女儿房

衣帽间1　过道　儿子房

次卫生间　主卫生间

老人房　客厅

衣帽间2　主卧室

休闲阳台

北

一层平面图

维科上院
WEIKESHANGYUAN

项目名称 _ 维科上院 / **主案设计** _ 王杰 / **参与设计** _ 周磊 / **项目地点** _ 浙江省宁波市 / **项目面积** _200 平方米 / **投资金额** _80 万元

A 项目定位 Design Proposition
本案使用建筑结构穿插法，把一些原本阴暗的过道，充分使用线性分割，柔和额色彩对比，把一个宁静、素雅，充满东方韵味的室内空间，彻底的呈现出来。

B 环境风格 Creativity & Aesthetics
回归东方。

C 空间布局 Space Planning
把原本一些阻碍光线的实墙敲掉，利用建筑穿插手法，做了一个电视台的延伸，加上一5个直线吊灯，形成一个自然面，让光线充分进入过道。

D 设计选材 Materials & Cost Effectiveness
原木，无油漆，植物木蜡油。

E 使用效果 Fidelity to Client
业主是一位在日本工作 26 年的企业家，对细节十分的苛刻，最终效果能够得到业主及朋友的一致认可，本人十分的欣慰。

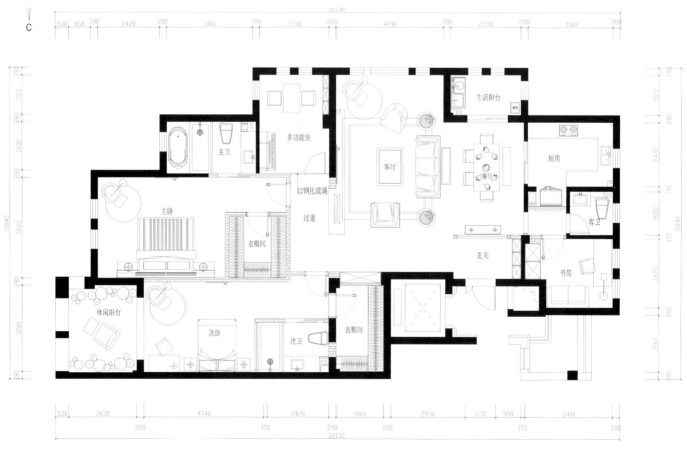

一层平面图

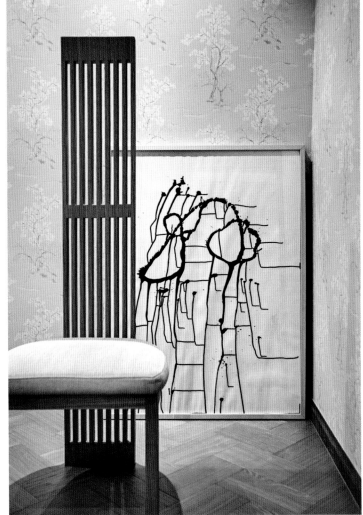

魅颜
CHARMING HOUSE

项目名称 _ 魅颜 / **主案设计** _ 苏丹 / **项目地点** _ 江苏省南京市 / **项目面积** _100 平方米 / **投资金额** _25 万元 / **主要材料** _ 水曲柳饰面、铁艺、文化砖、双饰面免漆木工板、宣伟彩色乳胶漆

A 项目定位 Design Proposition

没有规则，不用局限于固定的风格，总之设计就是这样简单：源于生活，服务生活。

B 环境风格 Creativity & Aesthetics

混搭 LOFT，不拘泥于风格，层高不够，那就去掉一切多余的吊顶，只留原始的钢架结构刷上颜色，一楼就全部打开，准备好沙发，卡座，吧椅，只为三五朋友的小聚。

C 空间布局 Space Planning

将原本一楼的卫生间改成了厨房和洗衣房，楼下作为会客阅读区域，楼上作为休息室和储藏空间，动静分离。

D 设计选材 Materials & Cost Effectiveness

水泥花砖，铁艺书架和楼梯，雕花木窗，裸露的钢木结构吊顶，DIY 花色墙纸柜门。

E 使用效果 Fidelity to Client

业主是两位从事设计的小夫妻，他们的生活没有拘束，日子过的多姿多彩，生活本该这样，他们的家也要如此，没有规则，不用局限于固定的风格！

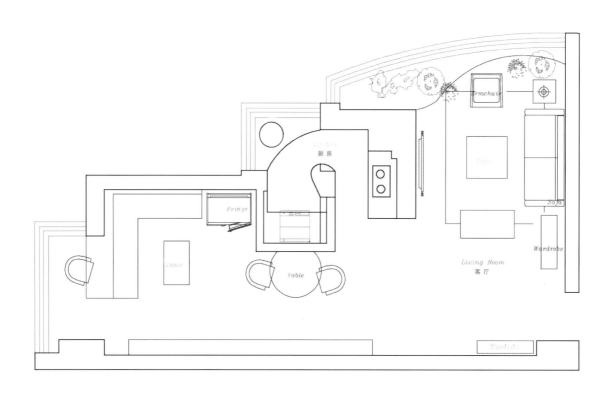

一层平面图

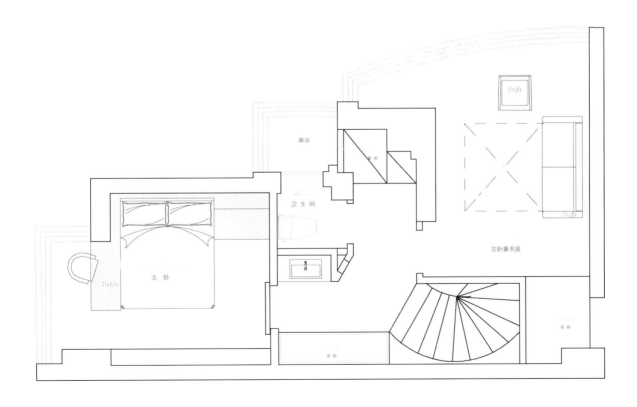

二层平面图

私人定制
PRIVATE CUSTOM

项目名称 _ 私人定制 / 主案设计 _ 赵鑫 / 参与设计 _ 索莉、田鑫 / 项目地点 _ 山西省太原市 / 项目面积 _170 平方米 / 投资金额 _120 万元

A 项目定位 Design Proposition
"私人定制"现在似乎成为了一种奢侈品的代名词，例如：私人定制服装、珠宝、汽车、甚至飞机。然而对于我们来说，不去讲奢华的装饰材料，不去讲所谓的、风格主义，只求从喧闹繁杂中回归本真，只求从忙乱疲惫中完全放松。为客户量身定制一个属于自己的专属空间，让其真正的体会到家的归属感，这是我们的设计本质。

B 环境风格 Creativity & Aesthetics
本案地处太原龙潭公园旁的万达天玺小区，居住者是幸福的一家三口，夫妻二人具有乐观健康的生活态度和高品质的生活追求。

C 空间布局 Space Planning
业主希望能带给她们一个动静结合的氛围，空间转换有序的功能。经过数月的改造及整修，我们彻底的将原有空间转换为一个宽敞明亮，现代而精致的顶层公寓。
首先，我们打破了原有的基础格局，使空间更为开放。宽阔的客厅凸显了建筑的结构美感。大面积的落地窗在最大程度上的拓展了空间，也使得楼下的龙潭湖美景尽收眼底。

D 设计选材 Materials & Cost Effectiveness
围绕着宽阔开放的客厅，我们又布置了不同的专属空间。餐厅、主卧、女儿房、厨房、书房还有隐藏的储物间。进入主卧，更衣间、卫生间和化妆间都被完美的融合在一起，私密空间内又藏有相对开放的卫生间，空间独立而视线不受阻隔。白色的更衣柜中还暗藏了一个精致的化妆间。在不同空间切换的过程中，温暖色调的木质墙板贯穿始终，而隐形门的设计既满足私密性的需求又不会破坏整体空间的韵律。

E 使用效果 Fidelity to Client
对于任何一个设计师而言，为一个家庭打造一个集功能性与吸引力于一体，同时又独一无二的家，是一项艰巨的任务，而这次我们经受住了考验。我们亦着眼于对细节的完美追求，特别设计定制了墙体、储物柜、书柜、洗面台还有漂浮式的床等等，彰显了整体的设计感，使空间焕发出了精致考究的气息，也真正体现出了"私人定制"的意义。

一层平面图

诺丁山住宅
NOTTING HILL HOUSING

项目名称 _ 流淌在过去的情怀里（诺丁山住宅）/ 主案设计 _ 谢辉 / 项目地点 _ 四川省成都市 / 项目面积 _ 220 平方米 / 投资金额 _ 100 万元

A 项目定位 Design Proposition
女主人是个精致，时尚同时又喜欢摆弄旧物的女子！熟识之后我常说她是从古时穿越到了现代社会的大户人家的小姐，不喜欢出门，把自己的业余时间常用在摆弄小玩物上了，她说："没办法啊，我就是喜欢这样！"生活不就是这样吗？跟着自己的心走，一路从容淡定。。

B 环境风格 Creativity & Aesthetics
在功能布置上把原空间改造后得到了一个相对开阔大气的连贯空间。保证每个区域都尊重生活的需要，每个区域又是空间的演员，各自演绎，共同表达主人的爱好与气质符号。深色木质的使用让空间稳重怀旧，散落在空间中的各式小摆件小收藏充满了主人的个人气息，细腻而含蓄！

C 空间布局 Space Planning
门厅，读书区，茶区各自相对独立又互有融合联系，书房客厅亦同样，双更衣间的设置让储存更加从容自如，满足了女主人对私人衣橱宽大舒适的空间需求，让尊贵而极具古典气质的女主人在这只属于她的过去时光空间里去畅想未来的美好生活。

D 设计选材 Materials & Cost Effectiveness
在功能布置上把原空间改造后得到了一个相对开阔大气的连贯空间。保证每个区域都尊重生活的需要，每个区域又是空间的演员，各自演绎，共同表达主人的爱好与气质符号。深色木质的使用让空间稳重怀旧，散落在空间中的各式小摆件小收藏充满了主人的个人气息，细腻而含蓄！门厅，读书区，茶区各自相对独立又互有融合联系，书房客厅亦同样，双更衣间的设置让储存更加从容自如，满足了女主人对私人衣橱宽大舒适的空间需求，让尊贵而极具古典气质的女主人在这只属于她的过去时光空间里去畅想未来的美好生活。

E 使用效果 Fidelity to Client
让尊贵而极具古典气质的女主人在这只属于她的过去时光空间里去畅想未来的美好生活。

一层平面图

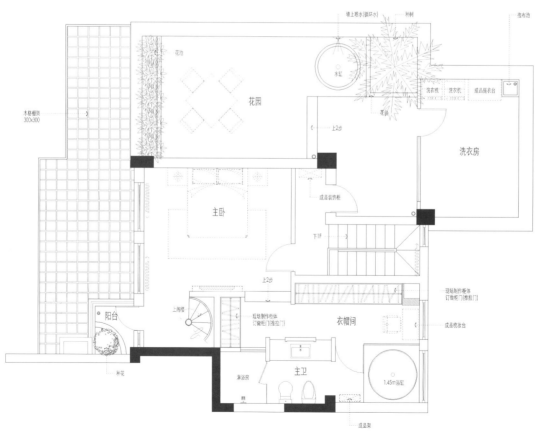

二层平面图

天豪公寓
TIANHAO APARTMENT

项目名称 _ 天豪公寓 / 主案设计 _ 叶蕾蕾 / 参与设计 _ 叶建权 / 项目地点 _ 浙江省温州市 / 项目面积 _145 平方米 / 投资金额 _50 万元 / 主要材料 _ 富得利实木地板

A 项目定位 Design Proposition
本作品意在体现朴实无华的生活态度，正如居住者本人一样，在这喧闹的城市中，有一个轻松、舒适的家，可以弹着钢琴。

B 环境风格 Creativity & Aesthetics
本案不跟周边欧式奢华的风气，采纳更为经典耐看的现代风格。

C 空间布局 Space Planning
客厅与过道之间的竖条移门，既可作为隔断，又可成为客厅背景造型。

D 设计选材 Materials & Cost Effectiveness
镜子、地板等常用的材料，餐厅背景的墙纸表宽，作为装饰画，可谓创新。

E 使用效果 Fidelity to Client
细节设计到位，实用性较强。

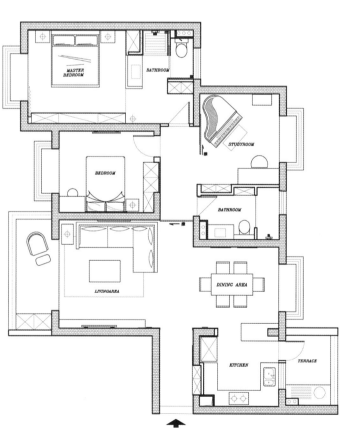

一层平面图